AF628921

ANNE KRÜGER-DEGENER

# Glücksschmiede für Pferde

HarmoniLogie® — Ausbildung ohne Missverständnisse

MIT KOSMOS MEHR ENTDECKEN

Feine Kommunikation

am Boden und im Sattel

SEIT 1822

KOSMOS

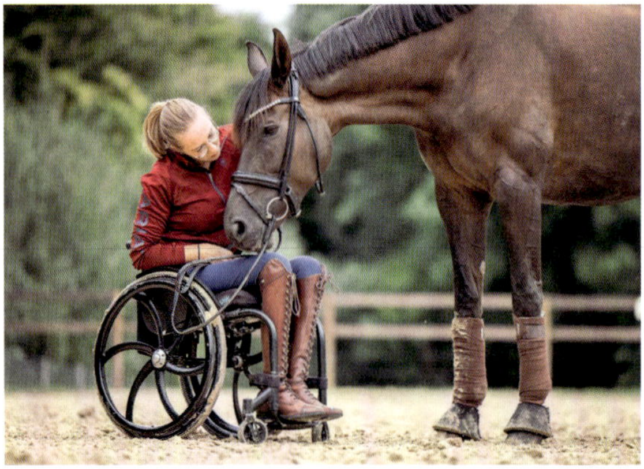

# Inhalt

KOSMOS PLUS

## DAS KOSTENLOSE EXTRA: DIE KOSMOS-PLUS-APP FÜR DIGITALE ZUSATZINHALTE

Dieses Buch bietet Ihnen weitere Inhalte in Form von 24 Filmen, die im Buch durch dieses 123 gekennzeichnet sind.

Und so geht's

1. Besuchen Sie den App Store oder Google Play.
2. Laden Sie die kostenlose App „KOSMOS-PLUS" auf Ihr Mobilgerät.
3. Wählen Sie in der App Ihr Buch aus.
4. Schalten Sie die Inhalte mit folgendem Code frei: „Glücksschmiede"
5. Danach laden Sie sich die Inhalte für das Buch „Glücksschmiede für Pferde" herunter.
6. Auf den Seiten mit dem Symbol 123 können Sie einen Film zum Thema ansehen. Dazu geben Sie den dort genannten Zahlen-Code in die App ein oder suchen in der Medienliste den entsprechenden Inhalt.

Mehr Informationen finden Sie unter plus.kosmos.de

# ZUM GELEIT

Schon als ich den Titel dieses Buches gelesen habe, musste ich schmunzeln. „Glücksschmied" .... oder wie heißt es so schön: „Jeder ist seines eigenen Glückes Schmied." Und hier noch viel wichtiger: WIR sind unserer Pferde Glückes Schmied. Das ist so wahr und auch so wichtig, dass wir uns dessen bewusst sind. Denn wir sind für das Glück unserer Pferde verantwortlich, wir sind dafür verantwortlich, dass es ihnen gut geht und dass sie glücklich sind!
Wir alle kommunizieren mit unseren Pferden – verbal und nonverbal, körperlich und räumlich, bewusst und leider oft unbewusst. Die Pferde wollen uns verstehen, ja, sie wollen gefallen und lieben Anerkennung und Lob!
Im Laufe der gemeinsamen Jahre mit meinen Pferden habe ich lernen und lieben gelernt, was es bedeutet, die Pferde, mit denen ich arbeiten darf, als echte Freunde zu gewinnen. Die Emotionen und die Liebe, die sie mir im Laufe der gemeinsamen Zeit widerspiegeln, geben mir ein unbeschreibliches Gefühl und sind der Nährboden unserer gemeinsamen Arbeit.
Beim Lesen dieses wundervollen Buches habe ich sehr viele Denkanstöße und Inspirationen erhalten. „Dressur kommt nicht von dressieren, weder die Reitdisziplin noch die Arbeit in der Freiheit. Dressur kommt von kommunizieren." Ich habe gemerkt, dass ich gar nicht so klar und leicht verständlich mit meinen Pferden kommuniziere, wie ich dachte. Zumindest nicht vom Boden aus – da kann ich mich (wie in allen Dingen) echt noch weiterentwickeln. Im Sattel habe ich das schon besser verinnerlicht und arbeite wie Anne nach dem Prinzip der spielerischen Konsequenz.
Die Arbeit mit den Pferden soll Spaß machen und die Zeit, die wir mit diesen wundervollen Geschöpfen verbringen dürfen, ist ein wahres Geschenk.
Als ich dieses Buch gelesen habe, hat es mich direkt in den Stall gezogen, ich möchte immer weiter üben – mit Liebe und Freude bei unserer gemeinsamen Entwicklung. Und genau das wünsche ich Ihnen auch: Seien Sie der Glücksschmied Ihres Lebens und des Lebens Ihrer vierbeinigen Freunde!

Herzlichst, Ihre

**Jessica von Bredow-Werndl**

*Jessica von Bredow-Werndl*

# TRAUMBERUF GLÜCKSSCHMIED — *Der Weg zum guten Team*

# HEREINSPAZIERT IN MEINE GLÜCKSSCHMIEDE

Was war Ihr Berufswunsch, als Sie klein waren? Wollten Sie Anwalt, Tierarzt oder Schriftsteller werden? Dachten Sie an: freischaffender Künstler, Reitlehrer oder Coach für heranwachsende Jugendliche? Oder wollten Sie Glücksschmied werden? Vielleicht tief in Ihrer Fantasie, hinter all den gesellschaftlichen Anforderungen versteckt, vielleicht lag dort dieser Wunsch. Vielleicht auch nicht, denn Glücksschmied ist ja gar kein Beruf. Oder doch?
Ich bin Glücksschmied von Beruf und aus Leidenschaft. Und das nicht nur für Pferde, auch für ihre Menschen und auch für deren Hunde und andere Tiere. Ich liebe es!
Es ist ein Traumberuf, eine Tätigkeit, die Glück erschaffen, verlorenes Glück wiederfinden und verletztes Glück reparieren kann. Ja, mehr noch, es ist nicht nur ein handwerklicher Beruf, es ist ein kreativer, künstlerischer Beruf, geht es doch meist darum, dass das Gegenüber oder das ganze Team durch das gemeinsame Glück schöner werden soll. Stellen wir uns einmal vor, Sie wollten nun in dieser, meiner Schmiede zur Lehre gehen, dann heiße ich Sie hiermit herzlich willkommen.
Als Erstes möchte ich Ihnen meine Werkstatt zeigen, die Werkzeuge, ihre Technik und Anwendung erklären. Dann werden wir über das zu schmiedende Material reden und erkennen, wie es beschaffen ist und wo es Fehlerquellen geben kann. Während all dieser Zeit wird es nicht nur mein Auftrag sein, Sie handwerklich geschickt zu machen, vielmehr bin ich darum bemüht, Sie in Ihren Beruf zu verlieben. Denn nur, wenn Sie diesen Beruf mit Leidenschaft ausüben, kann sich Ihre Kreativität voll entfalten. Und dann werden Sie zweifelsohne auch Ihre Ziele erreichen.

Hereinspaziert in meine Glücksschmiede!

**Anne Krüger-Degener**

*»Sich über das Glück anderer zu freuen, erzeugt übrigens eigenes Glück.«*

*Albert Einstein*

## DAS HANDWERKSZEUG

### DIE VIER SÄULEN DER HARMONILOGIE®

Vier Werkzeuge sind es, die ich Ihnen zu Beginn vorstellen möchte. Es lohnt sich, alles über sie, ihre Anwendung, Pflege und Wirkung zu erfahren. Es handelt sich um

1. die Ansprechbarkeit
2. die Lobbarkeit
3. die Störbarkeit
4. die Abgrenzbarkeit

Warum diese Werkzeuge für Sie so wichtig sind? Weil sie die Basis des gelungenen Dialogs darstellen, weil Sie sie brauchen, um Ihre Informationen gezielt zu transportieren, egal ob Sie Reiten, Führen oder Fahren. Was auch immer Sie mit Ihrem Pferd erreichen wollen, diese vier Werkzeuge kommen zum Einsatz – immer.

In meinen Augen sind es die Werkzeuge jeden Dialogs, egal ob innerhalb einer Spezies oder artübergreifend. Als Glücksschmied besinne ich mich auf diese vier Werkzeuge und wende sie sorgfältig an.

*Mein Ziel und das der HarmoniLogie ist es, mit den Tieren ein Team zu sein.*

*Um Kommunikation zu erlernen, lohnt es sich, Pferde zu beobachten und zu belauschen.*

## DIE DREI ASPEKTE DER ANTWORT

Hinzu kommen drei Aspekte der Antwort, die sich auf jede Säule der Harmonilogie® beziehen: Es gibt also drei Aspekte in der Ansprechbarkeit, drei Aspekte in der Lobbarkeit und so weiter. Dieses System ist extrem logisch und einfach zu praktizieren. Wenn Sie es erkannt haben und anwenden können, dann brauchen Sie nur noch die sechs Funktionskreise zu erlernen, um das Ausdrucksverhalten des Pferdes damit zu erlesen. Sie werden lernen, Missverstehen gegen Verstehen zu tauschen, und Sie werden die Eindeutigkeit des Ausdrucksverhaltens Ihres Pferdes erleben.

## DIE MUTTERSPRACHE DER NATUR

Sie werden lernen, Ihrem Pferd Fragen zu stellen und offen zu sein für seine Antworten. Damit diese Fragen glücken, wenden wir die Kommunikationswege der Tiere an. Diese sind in erster Linie räumlich, dann leiblich und am Ende in geringem Maße auch akustisch. Ich zeige Ihnen, wie Sie diese Kommunikationswege erkennen und auch selbst anwenden. Sie werden verstehen, warum und wie Sie Ihr Pferd regulieren und aktivieren können, wie Sie Raum halten, fordern und geben, und warum die gemeinsame Spur die Basis einer gelungenen Partnerschaft ist.

Die HarmoniLogie® übersetzt nicht die menschliche Sprache und Psychologie für die Tiere. Nein, andersherum wird ein Schuh daraus: Sie übersetzt die Kommunikationswege der Tiere für die Menschen. Tiere kommunizieren überwiegend räumlich. Das bedeutet, dass sie Raum und Zeit exakt bedienen können. Sie wissen genau, wieviel Abstand sie zu einem anderen Pferd halten müssen, wann es klug ist, den Kopf zu senken oder die Schulter zu präsentieren, was Abkauen oder Platz machen bedeutet. Unsere geliebten Pferde haben immer, absolut immer einen guten Überblick über den ihnen zur Verfügung stehenden Raum. Und sie können ihn mit Leichtigkeit bedienen. Das ist bei Menschen nicht unbedingt so.

Wir Menschen haben die Sprache, Worte als Synonyme. Ein verschlüsseltes System, das wie eine Geheimsprache auf die Tiere wirken muss. Wir kommunizieren vornehmlich akustisch. Wir können Dinge, Situationen, Emotionen beschreiben, Farben, Töne und Träume erklären. Das können Tiere nicht.

Ein Pferd spürt die Spannung in einem Menschen, es riecht den Stressgeruch, es erkennt die Bewegungsintention, lange bevor die Bewegung ausgeführt wird. Es berechnet die Laufgeschwindigkeit, den Fluchtweg oder die Möglichkeit der offensiven Verteidigung. Es benutzt keine Synonyme, keine Worte. Und während es uns dreht und wendet, wie es will, sind wir Menschen noch damit beschäftigt, über unsere Probleme und Fragen zu diskutieren. Und schon sind wir mittendrin im Kern des Missverstehens zwischen Mensch und Pferd.

Wir können lernen, mit den Pferden zu kommunizieren, wenn wir uns auf deren Sprachgebrauch einlassen. Solange wir das nicht tun, werden wir niemals in der Lage sein, im Einverständnis mit dem Pferd zu einem Team zusammenzuwachsen. Dabei ist es ist egal, welche Disziplin Sie mit Ihrem Pferd verfolgen, ob es groß ist oder klein, jung oder alt. Die Naturgesetze der Sprache sind immer gleich.

Lernen Sie als Glücksschmied, die Kommunikationswege anzuwenden, eindeutig zu sein und das Ausdrucksverhalten Ihres Pferdes einzuordnen. Dann ergibt Kommunikation Sinn und führt über den fairen Austausch an Informationen in manifeste Lösungen und tiefes Vertrauen.

### DAS BINDUNGSSYSTEM, DER SCHLÜSSEL ZUM GLÜCK

Sich aufeinander einlassen, tiefes Vertrauen nicht nur zu erzeugen, sondern auch zu erleben, das schafft Bindung. Warum das Bindungssystem so wichtig ist, wie Sie es aufbauen oder reparieren können, das müssen Sie als Glücksschmied wissen. Und dieser Teil der Ausbildung widmet sich der schönsten Arbeit der Welt (Seite 94).

## DER WEG LIEGT VOR UNS

Begleiten Sie mich in das Training mit den unterschiedlichsten Teams und erleben Sie mit mir die konkrete Arbeit mit Pferd-Mensch-Teams, die diesen Weg gegangen sind. Sie werden gewiss Situationen erkennen und entdecken, die Ihnen auch schon einmal begegnet sind. So haben Sie die Chance zu lernen, was Sie als gestandener Glücksschmied tun können und müssen. Mit über 20 Filmen will ich Ihnen nicht nur das Schmieden des Glücks anschaulich erklären, ich will in Ihnen den Wunsch erwecken, die Sehnsucht, genau das auch zu können und umzusetzen. Wie gesagt: Ich werde alles tun, um Sie in Ihren Traumberuf zu verlieben.

Da dieser Weg der Muttersprache der Natur abgeschaut wurde, ist es kein weiter, kein komplizierter. Vielmehr ist es ein Weg, den wir alle bereits in uns tragen, der nur durch die Evolution ein wenig verschüttet wurde. Es ist vielleicht auch für Sie ein Weg, der Sie nach Hause bringt.

*»Unsere wahre Aufgabe ist es, glücklich zu sein.«*

*Dalai Lama*

# VERSTEHEN UND VERSTÄNDIGEN

## — *Die Fragen des Pferdes beantworten*

# KOMMUNIKATION BRAUCHT KLARHEIT

Vertrauen ist ein fragiles Gerüst, eine zarte Pflanze, die gepflegt und umsorgt werden muss – lebenslänglich. Ist es einmal zerstört, ist es schwer wiederaufzubauen. Vertrauen hat zwei verschiedene Ebenen:

1. das Vertrauen in sich selbst, das Selbstvertrauen – eine Ebene, die ich als Coach auch bei den Zweibeinern immer wieder stärken muss;
2. das Vertrauen in sein Gegenüber – ein sehr sensibler Bereich, der die Beziehungsebene berührt.

Es gibt eine Symbiose zwischen diesen beiden Ebenen, beide können sich gegenseitig begünstigen oder auch hemmen.
Und das Schlüsselwort für den Erfolg in den Vertrauensebenen lautet Bindung. Diese bearbeiten wir sehr intensiv ab Seite 90.

*Echtes Vertrauen basiert auf Gegenseitigkeit.*

## DER VORWURFSFREIE RAUM

Eine weitere Grundlage, die wir benötigen, ist das Verstehen. Zum einen Verstehen im Sinne des Verständnisses: Empathie, Wohlwollen, Mitgefühl. Entscheidend ist aber auch das Verstehen im Sinne des klaren und eindeutigen Austausches, der gelungenen Kommunikation. Das erfordert etwas mehr als Liebe, es braucht auch ein Sich-Auseinandersetzen mit den Kommunikationswegen und dem System der Schulung, damit ein reibungsloser Austausch an Informationen fließen kann.
Genau hier, an dieser Stelle, habe ich die meisten Missverständnisse zwischen Menschen und Pferden entlarvt: an dem Punkt, an dem Emotionen die Wirklichkeiten durcheinanderwirbeln und kein vorwurfsfreier Raum mehr gefunden wird. An dem Punkt, an dem die Argumente in Höchstgeschwindigkeit um die Ohren sausen und gutes Zuhören nicht mehr stattfinden kann. Es ist der Punkt, an dem – oberflächlich hingeschaut – nicht genügend Respekt zueinander eingefordert wird und Signale einfach übersehen werden. Dieser Punkt ist groß und schwarz und wie eine Falltür auf der Route zum Glück. Sie kennen das: Wenn Sie etwas sagen wollen, sich mitteilen möchten, aber Ihre Message nicht richtig rüberbringen können, weil Ihr Gegenüber anscheinend schon weiß, was los ist. Sie kennen das Gefühl, missverstanden zu werden, und auch Ihnen ist es gewiss schon passiert, dass Ihnen Dinge, Aussagen oder Emotionen unterstellt wurden, die da gar nicht waren. Menschen und Pferde reden oft und gründ-

*Im gegenseitigen Einverständnis werden schwierige Lektionen sicher und leicht abrufbar.*

lich aneinander vorbei. Das können wir ändern, in dem wir das Verstehen fördern, das Zuhören lernen (mit allen Sinnen) und das integrative Fragen üben. Und dieses Sich-Verstehen sichert nicht nur die Harmonie am Boden, es bringt auch den Erfolg in den Sattel.

Lernen Sie Zuhören wie ein Wissenschaftler. Beobachten Sie Ihr Pferd wie ein Biologe. Führen Sie innerlich Protokoll über das, was Sie wahrgenommen haben. Lernen Sie, das zu lesen, was da ist und nicht das, was Sie glauben, was da ist. Lernen Sie auch, zu lesen, was nicht da ist, aber vielleicht da sein sollte. Lassen Sie sich auf diese Entdeckungsreise ein.

## IM ZWEIFEL FÜR DAS PFERD

Wenn Sie sich sicher sind, genau zu wissen, was das Ausdrucksverhalten des Pferdes bedeutet, und sich das Problem, welches Sie haben, dennoch nicht lösen lässt, dann stellen Sie Ihre Fragen an das Pferd langsamer, freundlicher, leiser. Lassen Sie sich filmen, gern in Slow Motion, betrachten Sie sich von außen und überlegen Sie in Ruhe, ob Ihre Sprache für das Pferd eindeutig und verständlich war. Entscheiden Sie sich im Zweifel immer für das Pferd und lernen Sie eine Symbiose aus Dominanz und Kompromissbereitschaft. Stellen Sie sich immer die

*»Vertrauen ist die Königsdisziplin unter den Gefühlen und der größte Beweis der Liebe.«*

*Auch in der Jungpferdeausbildung sollte das Vertrauen die oberste Disziplin sein.*

Frage: „Was muss ich verändern, damit mein Tier mich besser versteht, die Lösung besser finden kann?" Und lernen Sie besser zu lesen, ja, zu studieren, früher zu agieren und ruhiger zu arbeiten. Das führt Sie zum Ziel. Als Glücksschmied sollten Sie sich in die Idee verlieben, das Tier zu entwickeln, statt es zu bedienen. Der Unterschied ist, dass man auch mal mit nicht-richtigen Antworten einverstanden sein muss, solange die Tendenz der Antwort in die richtige Richtung führt. Das beste Beispiel ist das Angaloppieren unter dem Sattel: Junge Pferde können zu Beginn häufig das Signal für das Angaloppieren nicht nach Außen- und -Innengalopp differenzieren. Sie haben nur das Bedürfnis sich auszubalancieren und geraten vielleicht in den Außen- oder den Kreuzgalopp. Vielleicht kommen noch Buckeln, Steigen und Stehenbleiben dazu – unerwünschte Verhaltensweisen aus der Sicht der Menschen, aber mögliche Antworten aus der Sicht des Pferdes. Unter mindestens sechs Möglichkeiten muss es nun die richtige herausfinden. Es gehört zu einem jungen Pferd, dass es vielleicht die anderen auch einmal ausprobieren möchte.

Zum Glück finden die meisten Pferde die richtige Möglichkeit von allein, und zum Glück gibt es unendlich viele gute Reiter, die dem Pferd mit perfekter Unterstützung schnell die richtige Möglichkeit zeigen können. Aber es gibt auch die anderen. Und es gibt die Pferde, die zum Beispiel wachstumsbedingt oder auf Grund ihrer inneren Haltung nicht so einfach die richtige Lösung finden. Es gibt so viele Fehlerquellen innerhalb nur einer doch recht naturbelassenen Lektion. Diese Fehlerquellen, die allein durch die Möglichkeiten der Lösungswege für eine Aufgabe entstehen, können schwerwiegende Missverständnisse hervorrufen. Der versierte Reiter entwickelt das Pferd, wenn es grundsätzlich erst einmal angaloppiert, egal ob Innen- oder Außengalopp.

Er lobt es für den richtigen Ansatz. Das Pferd lernt, das Angaloppieren grundsätzlich richtig ist. Die Differenzierung entwickelt der gute Coach mithilfe des Gleichgewichtes, manchmal mit der wachsenden Kraft, und legt später das eindeutige Signal darauf.

Es ist unsere Aufgabe, zu erkennen, ob ein Fehler gezielte Abwehr (Seite 31) oder ein Nicht-Verstehen ist. Sie können auch lernen, den Grund für einen Fehler von dem Verhaltensursprung zu trennen, um Ihrem Pferd bestmöglich aus dem Missverständnis heraus zu helfen. Denn auch gezielte Abwehr kann missverständliche Ursachen haben.

### AUS DER PRAXIS

Violetta war bereits 8-jährig und nicht sonderlich weit ausgebildet. Ein hohes Spannungspotential, eine wahrhafte Dünnhäutigkeit, gepaart mit einer blitzschnellen Entschiedenheit, gaben ihr zwar eine unfassbare Präsenz, führten aber in ihrem Leben immer wieder zu einer Art Einsamkeit. Die junge Dame, die sie zu mir brachte, zeigte mir mit den Worten: „Diese hier mag sie nicht!" eine Trense. Sie hielt einen Rangierabstand zu ihrem Pferd, der mich stutzig werden ließ. Beide, Frau und Pferd, hatten keinen Lidschlag, beide wirkten fest. Ich schaute mir die Trense an: Es war ein normales, gut gepflegtes Kopfstück. Als ich mich neben die Stute stellte und sie berühren wollte, riss sie ihre ohnehin schon riesigen Augen noch mehr auf und ihr Kopf wuchs einen halben Meter höher in die Luft. „Na gut", sagte ich zu ihr, „dann schaue ich halt zu dir hoch," und näherte mich ihr weiter. Meine Hand berührte ihren Hals und die Haut begann zu zucken, Violettas Atem stockte. Auch die junge Frau atmete nicht mehr. „Ich sag doch, es liegt an dieser Trense", versicherte sie mir. Meine Hand blieb am Hals der Stute und begann zu kraulen. Das Pferd fühlte sich an wie aus Beton, so fest. Da sie nun in Beritt bei uns blieb, bekam ich Zeit, der Sache auf den Grund zu gehen. Sie ließ sich nicht gerne aufhalftern, an den Kopf fassen, sie trippelte am Anbindeplatz hin und her, piaffierte fast und schlug permanent mit dem Schweif. Es war ein Projekt, bei dem man bei minus Zehn beginnt, um erst einmal auf Null zu kommen. Diese junge Frau und dieses Pferd interessierten mich und ich war mir absolut sicher, dass es nur ein Missverständnis war, das die beiden so weit auseinandertrieb.

*Ein Pferd ganzheitlich von sich zu überzeugen, bringt Vertrauen in die Beziehung.*

## Vorgelagerte Abwehr

Was Abwehrverhalten ist und bedeutet, das erkläre ich auf Seite 31. So viel sei hier gesagt: Es ist eine von sechs Möglichkeiten, die jedes Lebewesen in sich trägt, sie ist lebensnotwenig, erzeugt gern eine Wechselwirkung und ist häufig der Anstifter für Missverständnisse. Denn Abwehrverhalten macht etwas mit uns, emotional, körperlich und kognitiv. Es berührt uns. Es kann sein, dass wir uns abgelehnt fühlen, dass wir Angst bekommen und eingeschüchtert sind, dass wir Zweifel an unserem Handeln erleben. Abwehr ist ein Verhalten, dass uns extrem leicht manipuliert.

Diese wunderschöne Dunkelfüchsin hatte einen ganz individuellen Hang zur Abwehr. Sie geriet sofort unter Spannung und war ein echtes „Rühr-mich-nicht-an"-Pferd. Wenn ihr Atem stockte, dann stockte der Atem der ganzen Stallgasse. Sie war wie aus Porzellan, so elegant, so zart und auch so dünnhäutig, und man befürchtete durch ihre Impulsivität, dass sie explodierte und zerbrach. Sie konnte ihre Augen so weit aufreißen, das Maul fest zusammenpressen, die Ohren anlegen und den Hals stramm machen, während sie auf der Stelle trippelte, dass man die Luft klirren hörte. Dabei schlug sie mit dem Schweif nach einem imaginären Hornissenschwarm. Es war dann klar, dass diese „Bombe" gleich hochgehen würde. Das machte etwas mit ihrer Umwelt. Man wusste nicht, ob sie nur bluffte oder wirklich gleich in die Luft gehen würde.

*Sportliche Höchstleistungen sind ein Resultat gelungener Kommunikation.*

Ein solches Ausdrucksverhalten wirkt. Es wirkt auf die Umwelt, es wirkte auf die Besitzerin, es machte Angst. Und diese Angst hat eine Wechselwirkung: Auch das Ausdrucksverhalten des Menschen ist stramm, angespannt und schreckhaft. Die junge Frau hatte keinen Lidschlag, ihr Mund war geschlossen, ihr Muskeltonus hoch. Ihr Atem stockte jedes Mal, wenn Violetta den Kopf wegriss. Diese vorgelagerte Abwehr machte auch ihr Angst, erfolgreich und nachhaltig.

Ein Wechselspiel der Gefühle, ein Wechselspiel der Wirklichkeiten. Ein Missverständnis, ein kleiner menschlicher Fehler mit großer tierischer Wirkung.

## Zuhören

Nun hatte ich diese schöne, schreckhafte Stute jeden Tag in der Hand. Das war gut so, denn ich bekam Zeit, ihr zuzuhören. Manche Dinge liefen reibungslos, andere waren extrem schwierig. Alles, was in Richtung Kopf ging, hatte mit Spannung zu tun. Also ließ ich den Kopf erst einmal außer Acht, so gut es ging, und kümmerte mich um die Lobbarkeit am Rest des Körpers. Die erste Begegnung in der Box gestaltete ich über Futter und viel Zeit für Lobrituale und es dauerte nicht mehr lange, bis sie sich freiwillig einfangen ließ. Wenig später kam sie gern und genoss das Lob, denn das Futter haben wir so schnell wie möglich eingestellt.

*Wir sollten immer offen sein für die Antworten des Pferdes.*

Ich wollte ihr zum Wohl sein. Und das gründlich. Ich putzte sie, streichelte sie so lange, bis sie innerlich losließ. Ich hatte dabei immer diese Trense, mit der im Übrigen nichts falsch war, über der Schulter hängen. Das reichte anfangs aus, um Spannung zu erzeugen. Auch der Versuch, eine andere Trense zu nehmen, war sinnlos, denn es schien, als wäre es die Berührung, also das sich räumliche Nähern an das Pferdemaul. Es fehlte grundsätzlich bei Violetta an Ansprechbarkeit, an Lobbarkeit und auch an Spur. Die Angst, die sie ihren Menschen mit ihrem temperamentvollen Verhalten machte, ließ am Ende nichts mehr zu. Es brauchte ein paar Tage und sie ließ sich den Kopf von mir kraulen und bürsten. Erreicht habe ich das nur damit, dass ich eben nicht weggesprungen bin, wenn sie gezuckt hat, sondern weitergemacht habe. Ich bin ihr nah geblieben, obwohl sie geflucht hat. Ich wusste, dass es keinen Grund gab zu fluchen, zu prusten. Ihre innere Haltung war mein Ziel, nicht das Reiten.

## Ziel: Innere Haltung

Nach wenigen Tagen der Lobbarkeitsschule begann ich mit dem Auftrensen. Es reichte, dass ich den Zügel über Violettas Kopf legte – sie fror ein zu einer Statue. Ich machte weiter, mit vielen Kraulpausen, so lange, bis sie innerlich losließ. Ich wollte ja ihre innere Haltung verändern.

Wollte ich ihr das Gebiss einlegen, biss sie so fest sie konnte die Zähne zusammen. Das störte mich nicht, ich hatte Zeit und wartete einfach. Nach einer gefühlten Ewigkeit ging das Maul auf – und jetzt offenbarte sich die Ursache für das Missverständnis: Ich sortierte die Riemen, und als ich den Nasenriemen anfasste, riss sie den Kopf hoch. Also übte ich, den Nasenriemen nicht loszulassen und eine Hand auf dem Nasenrücken zu halten, was anfangs gar nicht so einfach war. Ich wartete, bis sie wieder atmete. In dem Moment, als ich die Schnallen anfasste, schnellte der Kopf wieder hoch. „Dranbleiben", feuerte ich mich an. Sie entspannte, ich schaffte es, die Schnalle

*Egal ob Show, Sport oder Freizeit: Wir brauchen einen gelungenen Dialog für das gemeinsame Glück.*

einzufädeln und legte meine Finger unter die Schnalle, während ich diese etwas anzog, um zu verhindern, dass sich eine Hautfalte einklemmt. Und genau an dieser Stelle kam heraus, was passiert sein musste: Ein Mensch, fraglich wer, hatte einfach die Schnalle eingefädelt und angezogen. Dabei hatte sich eben eine Hautfalte in der Schnalle verklemmt. Intuitiv riss das Pferd den Kopf hoch und zeigte Abwehrverhalten. Recht hatte sie, ich hätte dem Menschen wahrscheinlich offensiver gedroht, wenn jemand meine Haut durch eine Schnalle zieht. Dieses Abwehrverhalten hatte sich dann immer weiter nach vorne gearbeitet. Die Menschen um diese Schönheit haben sich erschrocken, vielleicht haben sie das Pferd sogar beschimpft, vielleicht nicht für voll genommen. Vielleicht hat man auch versucht, sie zu beruhigen, und damit unbewusst das Verhalten positiv verstärkt. Da niemand den Grund erkannt hat, wurde die Ursache beim Pferd oder bei der Trense gesucht.

*»Vertrauen ist die stillste Form von Mut.«*

Violetta hingegen assoziierte mit der Berührung des Menschen Schmerzen und lernte, dass sie sich den Menschen mit Abwehrverhalten vom Hals halten konnte. Das Abwehrverhalten verlagerte sich vom Anziehen der Schnalle auf das Anlegen der Trense, auf das Anfassen am Kopf, auf das Erscheinen im Stall usw. Das nennen wir die vorgelagerte Abwehr. Sie kennen das als self-fulfilling prophecy oder einfach als: „Siehste, habe ich doch gleich gesagt, dass das weh tut!"

Die Stute war klug und im Kern lieb. Meine Hände blieben an ihrem Kopf, was auch immer sie anstellte, und die Lobbarkeit (Seite 39) war ihr Tagesprogramm. Mein Job war, dieses schöne Pferd zu überzeugen – davon, dass Hände nicht wehtun, sondern toll sind.

Es dauerte fast drei Wochen, bis sie sich problemlos auftrensen ließ, ohne dass ihr vegetatives Nervensystem ansprang. Zunächst nur von mir, dann auch von unseren Mitarbeitern. Und richtig spannend wurde es, als wir es ihrem Menschen zeigen wollten, und allein dessen Anwesenheit reichte, um das alte Lernmuster wieder abzuspulen. Missverständnisse entstehen so leicht, so schnell, sind manchmal schwer zu identifizieren und brauchen hier und da ein Weilchen, um sich in Verstehen zu wandeln.

Diese junge Frau hat ihr Pferd zu uns in die Glücksschmiede gebracht. Sie wollte es verstehen. Sie hat so viel für sich und ihre tolle Stute gelernt und kann ihre inzwischen von uns bis zur schweren Klasse ausgebildete Stute immer und überall allein „bedienen". Sie hat sich auf die Reise gemacht, Missverstehen gegen Vertrauen zu tauschen, und der Weg führte unweigerlich über das Verstehen.

Sie sehen an diesem kleinen Beispiel, wie schnell, wie gründlich gegenseitiges Vertrauen gestört, ja zerstört werden kann. Wenn wir den Tieren zuhören und auf das Urvertrauen der Kreatur achten, wenn wir in der Lage sind, Fehler nicht persönlich zu nehmen, sondern konzentriert ihre Ursache aufzustöbern, wenn wir im Zweifel für das Pferd entscheiden – dann können wir beginnen, Glück zu schmieden.

Die vorgelagerte Abwehr begegnete uns bei eben diesem wunderbaren Pferd noch etliche Male im Rahmen der Dressurausbildung. So wollte sie zum Beispiel in der Wechselarbeit immer behaupten, dass sie schon weiß, dass gleich ein Wechsel kommt. Ihr eigener Ehrgeiz stand ihr oftmals im Weg, und es war an uns, ihr die innere Ruhe, das Abwarten, eben das Zuhören beizubringen.

Ein Pferd aus Porzellan, gefüllt mit einem unbändigen Fleiß und Ehrgeiz und etwas zu dünnen Nerven, das uns Menschen lehrt, gründlich, langsam und freundlich zu sein. Ein besonderes Pferd. Sie werden es in diesem Buch wieder treffen. Freuen Sie sich darauf.

---

### RANDNOTIZEN: VIOLETTA

**Das Team**

Violetta, Westfale, Stute, 8 Jahre
Als Berittpferd bei uns

**Ausdrucksverhalten**

Starke Oberflächenspannung, weit geöffnete Augen, kein Lidschlag, zusammengepresstes Maul, hoher Kopf, Luftanhalten, Schweifschlagen, angelegte Ohren

**Funktionskreise/Räumliche Sprache**

- Abwehrverhalten
- Agression

**Der Trainingsweg**

- Erarbeiten der Lobbarkeit
- Komfortzonentraining und Bindungsaufbau
- Das innere Lernmuster korrigieren
- Verstehen und Verständigen

---

# HARMONILOGIE: SACHLICHES BEOBACHTEN UND WERTFREIER DIALOG

Wir erkennen also: Die meisten und auch größten Probleme in den sechsbeinigen Partnerschaften entstehen durch unzureichendes Zuhören, durch Missverstehen. Daher sollte die Leseschule in Ihrer Ausbildung auf jeden Fall ein Leistungskurs sein, das erste Wahlfach. Je größer die Distanz zu einem Gegenüber, umso einfacher ist das Lesen.

Lesen bedeutet beobachten mit allen Sinnen, alle Signale wertfrei aufnehmen und offen sein für die Antworten der Tiere. Lesen bedeutet, das Ausdrucksverhalten des ganzen Pferdes zu erfassen, ohne es zu bewerten oder mit der eigenen Wirklichkeit zu füllen. Gutes Lesen definiert sich nicht über Geschwindigkeit, sondern über Gründlichkeit. Jeder Mensch kann das

*Das Pferd wertfrei und mit allen Sinnen wahrzunehmen bedeutet, ihm gut zuzuhören.*

erlernen; sorgfältig, ruhig und achtsam. Sitzen Sie beispielsweise in einem Café und schauen die vorbeigehenden Menschen an, dann ist es leicht, sie zu beobachten und ihre Eigenheiten wahrzunehmen – leichter als bei der Person, die vielleicht mit am Tisch sitzt und viel leichter als bei sich selbst. Der Leistungskurs „Pferde lesen" ist ein sehr intensiver Kurs, der einiges an Heimarbeit ermöglicht und benötigt.

## PFERDE LESEN

Setzen Sie sich zu Ihrem Pferd an den Paddock, an die Koppel, in den Stall. Und nun beobachten Sie. Führen Sie gern auch Protokoll (ein Muster, wie das aussehen kann, finden Sie auf Seite 27).

Beginnen Sie, während Sie Ihr Pferd in seiner Freizeit studieren, ganz vorn: am Maul. Wie bewegt es sich, wenn es sich bewegt? Was machen die Lippen, die Zunge, die Nüster? Schauen Sie auch hin, wenn das Pferd nicht fressend seine Freizeit verbringt. Dann studieren Sie das Auge: Wie häufig hat es Lidschlag? Wie blickt es? Was machen die Augenbrauen, sind sie aufgewölbt oder glatt und flach? Wie ist die Wulst über dem Auge geformt? Beobachten Sie das Ohr: Wie beweglich ist es? Ist es mit oder ohne Spannung? Aktiv horchend oder passiv ruhend? Wie hält Ihr Pferd den Kopf? Gerade, gewinkelt, oben oder unten? Was macht der Hals? Ist er entspannt, fallengelassen, stramm, nach oben oder nach unten durchgedrückt?

Schauen Sie auf die Rückenlinie: Ist sie entspannt, beweglich, aufgezogen, durchgedrückt, schief oder locker? Und der Schweif? Ist er beweglich, aktiv, aggressiv, passiv, eingeklemmt, vielleicht sogar schief getragen oder abgespreizt? Die Beine: Bewegen sie sich entspannt und im Rhythmus der Gangart, oder sind sie steif, spannig, unrhythmisch? Was machen die Hufe? Setzen sie plan auf oder sehen Sie zum Beispiel eine Zehenspitzenfußung? Beobachten Sie die Atmung, die Körpertemperatur, die Oberflächenspannung und die Herzfrequenz. Beobachten Sie das Pferd mit allen Sinnen. Hören Sie, ob Ihr Pferd Luft zieht oder Luft anhält, ob es prustet oder schnaubt, ob es kaut oder knirscht, ob es schmatzt oder die Zunge rollt.

Schauen Sie genau hin. Noch genauer. Filmen Sie es mit einer Slow Motion App und studieren Sie das Gesehene. Nein, sagen Sie jetzt bitte nicht, was Ihr Pferd damit sagen will. Lassen Sie die Wirkung auf Ihre Wirklichkeit noch aus dem Spiel. Führen Sie Protokoll und zügeln Sie Ihren Drang, Ihrem Pferd Ihre Worte in den Mund legen zu wollen.

*Pferde lesen uns Menschen perfekt – und immer.*

# LESESCHULE PFERD

**Der Kopf** hoch oder tief getragen, gerade, schräg, ruhig, in Bewegung?

**Das Ohr** gespitzt, beweglich, in eine Richtung orientiert, angelegt, flach angelegt?

**Der Hals** hoch getragen, tief, entspannt, angespannt, beweglich, fest gehalten?

**Das Auge** klar und ruhig, aufgerissen, das Weiße sichtbar, mit Lidschlag oder ohne, Augenbraue glatt oder zu einem Wulst gewölbt?

**Das Maul** geschlossen oder geöffnet, ohne Maulaktivität oder kauend, schmatzend, Lippen angespannt oder locker, Nüster eng gezogen, weit geöffnet oder entspannt?

**Lautäußerungen** Schnauben, Prusten, Grunzen, Quitschen, Wiehern?

**Die Bewegung** ruhig, aktiv, hoch, rhythmisch oder unrhythmisch, taktklar in Schritt, Trab und Galopp, Verschiebungen in einer Gangart, Buckeln?

**Die Bewegungsintention** in eine Richtung bevorzugt, zum Menschen hin oder von ihm weg, frontal oder seitlich, Raum gebend, Raum fordernd?

Das Pferd zu lesen bedeutet, es von vorn bis hinten wahrzunehmen, zu erkennen, wie es sich bewegt, wie es Raum und Zeit bedient. Es bedeutet, offen zu sein für seine Antworten, um ihm nicht die eigene Wirklichkeit überzustülpen. Das ist der erste und wichtigste Schritt, um den Dialog auf eine vertrauensvolle Basis zu stellen.

Wir lesen das Pferd, ohne zu werten. Die wichtigsten Punkte finden Sie in dieser Übersicht. Alle diese Signale ergeben das Ausdrucksverhalten des Pferdes. Ein einzelnes Signal ist nicht aussagekräftig, erst die Gesamtheit all dessen, was wir wahrnehmen, erlaubt uns einen Rückschluss auf den Funktionskreis, den wir einlesen müssen.

**Der Rumpf** entspannt, angespannt, aufgewölbt, weggedrückt?

**Die Oberfäche** fest, angespannt, ruhig, beweglich, elastisch, zuckend, kühl, warm, schwitzend?

**Der Schweif** ruhig, pendelnd, beweglich, fest, unruhig, eingeklemmt, hoch oder tief getragen?

**Das Vegetativum** ruhige gleichmäßige Atmung bis hin zum Luftanhalten oder starke Atmung, Luft einziehen, häufiges Äppeln, Herzfrequenz normal oder schnell?

## WAHRNEHMEN MIT ALLEN SINNEN

Vielleicht ertappen Sie sich dabei, dass Sie beschrieben haben, was Sie glauben, was das Pferd sagen will? Wenn dem so ist, haben Sie nicht gelesen, sondern interpretiert und von sich selbst gesprochen. Lesen heißt, dass Sie wirklich nur beschreiben und das Beobachtete nicht mit Ihrer eigenen Wirklichkeit füllen. Es heißt, dass sie nüchtern, objektiv und sachlich bei dem bleiben, was da tatsächlich ist.

### HÖREN, WAS NICHT GESAGT IST

Sie kennen das aus dem zwischenmenschlichen Bereich: Sie wissen, was Sie in einem Dialog erwarten können, was „normal" ist. Und dann gibt es das, was ausbleibt. Manchmal merken wir es erst später, wenn die Situation vorbei ist, erinnern uns und fragen dann: Mensch, hat der eigentlich „danke" gesagt? Oder: Hat er eigentlich alle hier begrüßt? Vielleicht fehlte da ein Lächeln oder hier ein Nicken. Hören, was man nicht hört, lernen, darauf zu achten, welche Signale gegeben wurden und welche ausgeblieben sind: Das ist ein entscheidender Aspekt in der Leseschule.

### LESEN, WAS SIE NICHT SEHEN

Wenn Sie nun Ihr Pferd in seiner Freizeit beobachten, dann werden Sie wahrnehmen, wie häufig es sein Auge öffnet und schließt. Das ist der Lidschlag. Sie werden wahrnehmen, wie die Atmung ist und was der Schweif macht. Wollen Sie selbiges Pferd nun reiten und stehen neben ihm in der Arena, dann beobachten Sie, während Sie aufsteigen, wie der Lidschlag ist, was die Atmung macht und wie der Schweif sich verhält. Verlassen Sie sich nicht darauf, dass alles fein ist, nur weil Ihr Pferd stillsteht. Ein stillstehendes Pferd ohne Lidschlag zum Beispiel kann eine tickende Zeitbombe sein. Eine Spannung, die den Lidschlag verhindert, ist schnell toxisch. Erkennen Sie auch das, was ausbleibt, nicht nur das, was da ist! Wussten Sie, dass Pferde mit Lidschlag begrüßen? Es ist wie ein Ritual aus dem Feenwald, in dem sich Einhörner eine gute Nacht wünschen. Es ist erhaben, still und wenn man gelernt hat, es zu erkennen, sanft berührend. Pferde begrüßen andere Pferde, die an ihnen vorbeigehen, mit einem zugewandten Körper, weichen Winkeln, aufgestellten Ohren, einer ruhigen Atmung und das Schönste ist: mit Lidschlag. Wie eine federleichte, sanfte Berührung zwinkern sie sich zu und schenken sich ihre Aufmerksamkeit. Ich persönlich fasse es als Kompliment auf, wenn sie diese Geste auch anbringen, wenn ich an ihnen vorbei gehe. Und ehrlich, ich habe mir angewöhnt, zurückzuzwinkern.

Ebenso verhält es sich beim Reiten. Das Reiten als körperlicher Dialog bedeutet, dass ich auch hier die Bewegungsmuster und Bewegungsintention meines Pferdes studiere, in Entspannung, im sicheren Umfeld oder auch in Anspannung und unter körperlicher und geistiger Belastung. Lesen heißt hier mehr noch als am Boden hinzuspüren. Und während Sie hinspüren, denken Sie nicht

*»Die Wirklichkeit eines anderen Menschen liegt nicht darin, was er Dir offenbart, sondern in dem, was er Dir verschweigt.«*

*Khalil Gibran*

# ☞ PFERDE LESEN – DAS PROTOKOLL

| **Kopf** | | | |
|---|---|---|---|
| Position | tief | hoch | beweglich |
| Maul | aktiv | passiv | kauend |
| Lippen | locker | fest | |
| Zunge | ruhig | leckt | |
| Nüster | weit | eng | |
| Auge | Lidschlag | glatt | Wulst |
| Ohr | vor | beweglich | angelegt |
| Winkel | vor | senkrecht | hinter |
| **Hals** | | | |
| Position | tief | hoch | |
| Muskulatur | entspannt | angespannt | |
| **Schweif** | | | |
| Höhe | tief | hoch | eingeklemmt |
| Position | gerade | schräg | |
| Bewegung | ruhig | aktiv | pendelnd |
| **Rumpf** | | | |
| Position | aufgewölbt | weggedrückt | |
| Beweglichkeit | biegsam | steif | |
| **Beine** | | | |
| bewegungskonforme Fußfolge | rhythmisch | unrhythmisch | |
| Auftreten | Zehen/Ballenfußung | plan | |
| Bewegung | ruhig | aktiv | |
| **Bewegungsintention** | | | |
| Energie | Entspannung | Spannung | |
| Richtung | nach innen | nach außen | |
| **Vegetativum** | | | |
| Atmung | langsam | schnell | angehalten |
| Verdauung | selten | mittel | häufig |
| Temperatur | normal | Anstieg | Abfall |
| Herzfrequenz | normal | langsam | schnell |
| **Oberfläche** | | | |
| Spannung | entspannt | angespannt | |
| Fell | glatt | aufgestellt | |
| **Lautäußerung** | | | |
| | Luft ziehend | prustend | grunzend |
| | schnaubend | quietschend | wiehernd |
| | knirschend | | |
| **Raumverwaltung** | | | |
| Raum | gebend | fordernd | |
| Position | frontal | seitwärts | Kruppe |

*Gemeinsame Erlebnisse und Erfolge stärken die Bindung im Team.*

über Ihre eigenen Gefühle nach und über das, was das Pferd in Ihnen auslöst. Versuchen Sie, zu beschreiben. Das kann zum Beispiel so aussehen:
Eigenständige Vorwärtsbewegung, entspannt schwingender, losgelassener Hals, entspannt wippendes Ohr, leichte Biegsamkeit in der Längsachse, schwingender Rücken, pendelnder Schweif, losgelassene Muskulatur, gleichmäßige Atmung und eine spannungsfreie Oberfläche. Lockerer Bewegungsablauf, der immer taktsicher und rhythmisch ist.
Das ist das Rundum-sorglos-Paket und manch einer von uns weiß, es kann auch anders sein. Hier erleben wir ebenso wie am Boden die ersten Veränderungen immer im Spannungsbereich und dann im räumlichen Bereich. Zu erkennen, wenn das Auge starr wird, der Rücken fest, die Muskulatur angespannt usw., ist aus dem Sattel ähnlich wie am Boden, nur viel direkter.

## FREMDSPRACHE LERNEN

Pferde lesen ist eine großartige Beschäftigung. Es ist wie das Lernen einer Fremdsprache, bei der es nicht darum geht, andere Synonyme für dieselbe Sache zu verstehen, sondern vielmehr darum, die direkte Aussage einem Verhaltensursprung zuzuordnen. Es ist ursprünglicher, archaischer, es ist einfach und direkt. Es geht um mehr Raum, um Dominanzen, um Zuneigung, um Spur und Sicherheit. Es geht um Überlebensprinzipien und klare Grenzen, auch innere Grenzen. Es geht nicht um die Art der Emotionen, die wir pflegen, es geht nicht um die Emotionen, die das Verhalten unseres Gegenübers in uns auslösen, was es mit uns macht. Ein Pferd redet niemals an einer Sache vorbei. Es sagt seine Meinung, es beschreibt seinen Zustand, ohne sich darüber Gedanken zu machen, was es damit auslösen oder auch anrichten kann. Ein Pferd ist immer bei sich. Und es kommuniziert ausschließlich mit den Möglichkeiten, die ein Pferd hat. Es spricht unverblümt nur eine Sprache und ist bewundernswert ehrlich dabei.
Wollen Sie ein guter Glücksschmied werden, dann sollten Sie Ihre Emotionen, Gedanken und Erinnerungen als Kostbarkeit in einer Dose aufbewahren und den Dialog mit dem Pferd sachlich im Hier und Jetzt führen. Dann haben Sie eine gute Basis, um das Ausdrucksverhalten des Pferdes zu erlernen und vor allem auch zu verstehen.

# DIE FUNKTIONSKREISE

Menschen neigen dazu, Tieren einen Stempel zu geben. „Der ist stur" oder „Meiner hat immer Angst", „Aber meiner, der drängelt immer, kann gar nicht warten" usw. Das haben Sie gewiss auch schon einmal gehört oder vielleicht sogar gedacht. Beschrieben werden hier drei mögliche Funktionskreise: Der Sture könnte viel von dem Funktionskreis Abwehr in sich tragen, der Faule Passivität und der Angsthase Flucht. Darum geht es, wenn wir lernen, das Ausdrucksverhalten der Pferde wertfrei einzulesen und den Funktionskreisen zuzuordnen.

Das Erlesen der Funktionskreise soll Ihnen helfen, objektive Schlüsse zu ziehen. Die Wirkung eines Verhaltens kann in uns Menschen Gefühle erzeugen oder auch Missverstehen verursachen. Eine subjektive Wahrnehmung kann uns in die falsche Richtung lenken und somit den Dialog von vornherein zunichtemachen. Das, was wir denken, was das Tier ausdrücken möchte, ist oft nicht deckungsgleich mit dem, was es ausdrückt.

Nehmen wir den, der immer Angst hat. Ein Pferd, das Angst hat, klemmt die Schweifrübe ein, reißt das Auge auf, hat keinen Lidschlag, dafür aber einen erhöhten Herzschlag und Muskeltonus. Wenn ich die Menschen, die ihr Pferd mit Angst beschreiben, weiter interviewe, dann können sie meist keines dieser Signale an ihrem Pferd bestätigen. Also einigen wir uns dann auf ein Wegdrängen, welches in den Funktionskreis Drängen/Bedrängen gehört. Diese Pferde zeichnen sich dadurch aus, dass sie aus der Spur geraten, zur Seite springen, sich aufs Gebiss legen und davonsausen.

Der Faulpelz hat einen gesunden Phlegmatismus, ist also einfach gechillt, mag sich nicht gern stressen – das wäre der Funktionskreis Passivität, es könnte aber auch eine passive Abwehr sein. Um das herauszufinden, braucht man das ganze Pferd, um alle Signale einzulesen. Das ist für diesen Fall sehr wichtig, da die Art des Trainings dem entsprechenden Funktionskreis angepasst werden muss. Den Faulen kann man mit Ruhe und klaren, treibenden Hilfen sowie mit einer guten Lobbarkeit motivieren und fleißig machen. Den, der ein Abwehrverhalten zeigt und sich der Hilfe oder auch der Fragestellung entzieht, sollte man möglicherweise im Bindungssystem stärken und viel kleinschrittiger arbeiten. Hier kann es sein, dass das Bedrohungssystem missverständlicher Weise zu früh anspringt und ein verkehrtes Lernmuster vorliegt.

Sie erkennen schon, dass das Lesen der Pferde das A und O ist, damit wir Missverstehen vermeiden können. Kommen wir zu den sechs Funktionskreisen und Teilen ihres Ausdrucksverhalten.

*Das Loben als Lektion gearbeitet ist eine Erfolgsgarantie.*

## DER DRANG DES LEBENS

Drängen/Bedrängen ist der Motor des Lebens, ohne den tatsächlich nichts Weiteres stattfinden kann. Drängen stellt sich dar als Hunger, Durst, Neugierde, Lernverhalten, Fortpflanzung, Spielverhalten, Kampfverhalten und vieles mehr. Räumlich beschrieben ist es die Bereitschaft, die eigene Scholle zu verlassen und die eines anderen zu betreten. In welcher Intention bleibt erst einmal dahingestellt.
Die leibliche Sprache im Drängen/Bedrängen stellt sich meist mit einer aktiven Bewegungsintention, ob mit oder ohne Spannung liegt an der Absicht des Drängens. So kann es ein freundliches Fordern, ein aktives Bedrängen oder auch ein Angriff sein. Schauen Sie hin, wie Ihr Pferd Sie bedrängt oder wo es hindrängt. Pferde können sehr aggressiv sein und fast so viel Aggressivität freisetzen wie ein angreifender Hund.
Genauso können Pferde unfassbar zärtlich und sanft sein, ja liebevoll. Der Funktionskreis Drängen/Bedrängen kann sich durch Distanzlosigkeiten in jede Richtung darstellen, und schon an dem Wort Distanzlosigkeit erkennen Sie, dass dieser Funktionskreis ein räumliches und emotionales Regulativ braucht, um gesund für alle Seiten zu sein.

001 Zum Film: Ausdrucksverhalten Drängen/Bedrängen

*Liebevolles Drängen/Bedrängen zeigt sich als Nähe.*

## PASSIVITÄT

Die Passivität nehmen viele Menschen als gesunden Phlegmatismus wahr, der eine tiefe innere Ruhe mit sich bringen kann. Sie erkennen den ruhigen Lidschlag, das bewegliche Maul, das entspannte Ohr, die losgelassene Oberfläche, die gleichmäßige Atmung und den sicheren und ruhigen Bewegungsablauf.
Manchmal stellt sich Faulheit als Passivität dar, und man erkennt nicht sofort den Unterschied. Als faul kann man denjenigen bezeichnen, der sich mit Passivität der Anforderung entzieht. Um es klar zu entlarven: In diesem Fall ist es eine listige Abwehr. Identifizieren können Sie das am Gesamtbild des Pferdes: Beobachten Sie es in seiner Freizeit. Zeigt es hier Ehrgeiz und Aktivität, stellt es sich aber bei bestimmten adäquaten Anforderungen als unehrgeizig dar, dann ist die Faulheit eine List.
Passiv wirken aber auch diejenigen Pferde, die sich aus einer Blockade heraus festmachen, eine toxische Spannung aufbauen, passiv drohen. Als Reiter kennen Sie das, wenn der Rücken fest wird und das Pferd nicht mehr vor die treibenden Hilfen kommt, wenn die Bewegungsintention nicht mehr frei ist. Erlesen kann man diesen Funktionskreis am ausbleibenden Lidschlag, an stockender Atmung und erhöhter Muskelspannung. Hier finden wir einen Abwehrbereich vor, dem wir immer mit Ruhe und Vorsicht begegnen müssen: Ein Pferd, welches mit dem vegetativen Nervensystem reagiert und blockiert, ist in absoluter Alarmbereitschaft, es kann explosionsartig alle Kraft in alle Richtungen entfalten.
Ein Pferd bringt sich nicht freiwillig in eine Situation, in der das Vegetativum Alarm schlägt. Sollte Ihnen das passieren, dann überprüfen Sie bitte gründlich Ihre Kleinschrittigkeit in der Ausbildung und versuchen Sie, die Situation für das Pferd überschaubarer zu gestalten.

*Abwehrverhalten gehört zu jedem Individuum dazu. Es ist gut, die frühen Signale zu erkennen.*

## ABWEHR

Die Abwehr ist das Innenministerium des eigenen Körpers und lebensnotwendig. Jeder hat sie, jeder braucht sie. Abwehrverhalten gehört bei Herdentieren zu dem Verhaltensrepertoire, welches den eigenen Rangierabstand sichert und den Tanzbereich des Nächsten begrenzt. Jedes Tier verwaltet seine eigene Eisscholle und stellt seine eigene Grenze und damit auch die Grenze des Nächsten dar. Nur so kann die räumliche Kommunikation unter Tieren funktionieren. Und dennoch kann sie, wenn sie aus dem Ruder gerät, echt unangenehme Folgen haben.

### LINEAR UND KOMPLEX

Am Beispiel der Abwehr können wir das lineare und komplexe Denken von Mensch und Tier am allerbesten erkennen und erklären. Die tierische Denkweise können wir als linear bezeichnen, die des Menschen als komplex.

Stellen wir uns vor, Sie müssten zum Zahnarzt. Sie haben es vielleicht bereits erlebt, dass die Zahnschmerzen nach dem Zahnarztbesuch wieder weg sind. Sie können also aus der Vergangenheit über das Jetzt hinaus in die Zukunft planen und deswegen auch möglicherweise einen etwas unangenehmen Eingriff emotional gut überstehen. Das kann ein Tier nicht. Wenn der Tierarzt kommt, dann kann es sein, dass es die Erfahrung einer Spritze oder unangenehmen Behandlung macht. Dass diese Behandlung nur zu seinem Wohl war, kann das Tier nicht erfassen. Die tierische Intelligenz ist nicht eingeschränkt, sie findet nur in anderen Zeitfenstern statt. Das Jetzt ist dabei das größte Zeitfenster. Die negative Erfahrung reicht aus, um im vegetativen Nervensystem Abwehrverhalten zu

**002**

Zum Film: Ausdrucksverhalten Passivität

*Steigen kann auf dem Funktionskreis Abwehr aufgebaut sein …*

*… und beim Pferd dieses Ausdrucksverhalten erzeugen.*

erzeugen. Dieses Abwehrverhalten kann sich als direkte Abwehr darstellen oder, bei mehrfacher Erfahrung, auch als vorgelagerte Abwehr.

Jede ungünstige Lernerfahrung kann ein Abwehrverhalten erzeugen, welches sich in Windeseile ritualisieren kann. Mit der vorgelagerten Abwehr kann das Pferd schon reagieren, wenn das Auto des Tierarztes auf den Hof rollt. Das lineare Denken der Tiere bedeutet für uns als ihr Coach, dass wir unbedingt eine positive Lernerfahrung erzeugen müssen, selbst wenn wir unangenehme Fragen stellen. Manch einer möchte dann lieber keine unangenehmen Fragen stellen und versucht so, dem Abwehrverhalten aus dem Weg zu gehen. Das ist gewiss kein guter und nachhaltiger Weg. Wichtig ist, dass das Tier lernt, uns zu vertrauen – und das erreichen wir nur, wenn die Lernerfahrung eine positive ist, trotz Belastung, Stressoren und Widrigkeiten, die das Leben nun mal mit sich bringt.

**003** Zum Film: Ausdrucksverhalten Abwehr

Wir Menschen müssen diesem Abwehrverhalten immer wieder begegnen, es überlisten und überzeugen. An der Abwehr kommen wir selten vorbei. Das erste Mal ein Halfter aufziehen, das erste Führen, das erste Füße geben beschäftigt sich mit der Abwehr in Reinkultur. Nicht immer ist ein Pferd von Anfang an einverstanden mit dem, was wir Menschen von ihm wollen. So gibt es beides, ein Urvertrauen und eben auch ein Urmisstrauen (Seite 90), das dem Neugeborenen in der Wiege liegt. Beides ist lebensnotwendig. Und genau hier erkennt man den guten Ausbilder. Denn es ist nicht die Geschwindigkeit, mit der man die Abwehr zum Schweigen bringt, sondern das Feingefühl, mit der man sie überzeugt und eben dieses Einverständnis der Pferde holt. Stellen Sie Abwehrverhalten bei Ihrem Pferd fest, während Sie es für das Training vorbereiten, dann überprüfen Sie jeden Handgriff, jedes Werkzeug, jede Frage auf einen möglichen Widerstand, und arbeiten Sie diesen gründlich und ruhig, wohlwollend zu Ende. Stellen Sie Ihre Fragen und schaffen Sie über die Lobbarkeit eine angenehme Lernatmosphäre. Übergehen Sie das Abwehrverhalten nicht, sondern setzen Sie sich damit auseinander. Hören Sie Ihrem Pferd in der Abwehr gut zu. Das bedeutet nicht, dass Sie einknicken sollen in der Abwehr, sondern den Moment detailliert zu Ende arbeiten. Übergehen Sie das Abwehrverhalten, dann kann sich die Abwehr aufrollen wie ein Schneeball und Sie am Ende erdrücken, sie kann sich aber auch vorverlagern und so einen Dialog schon im Vorfeld ersticken. Sie kann das Tier sogar völlig zum Schweigen bringen und dazu führen, dass es sich im Geiste abmeldet.

### DAS AUSDRUCKSVERHALTEN IN DER ABWEHR

Eindeutiges Ausdrucksverhalten der Abwehr stellt sich immer mit Spannung im ganzen Körper dar. Räumlich ist es die Frontalstellung mit Raum halten (siehe Räumliche Sprache), der hochgehobene Kopf, das stramme Ohr, die Wulst über dem Auge, der ausbleibende Lidschlag, aufeinandergepresste Lippen, schmal gezogene Nüstern, Luftziehen und Luftanhalten. Nacken und Hals sind fest und steif, der Rücken ist festgehalten, der Schweif kann von fest geklemmt bis aktiv peitschend variieren. Die Hufe können stampfen, scharren, trippeln oder drohen. Die Oberfläche ist verspannt und der Atem flach.

Wir sollten in unserem generellen Umgang mit den Pferden der Abwehr eine große Aufmerksamkeit schenken. In diesem Buch jedenfalls bekommt die Abwehr eine breite Bühne, denn sie nimmt sehr viel Platz ein in unserem Leben mit unseren Pferden, ist ein wichtiger Indikator für Fehler in der Ausbildung und stellt uns Menschen immer wieder vor Aufgaben und Fragen. Je besser wir sie identifizieren und auch bearbeiten, umso größer wird das gemeinsame Glück.

## DEVOT

Dieser Funktionskreis kann deeskalierend, beschwichtigend, harmonisierend sein. Devotes Verhalten sehen wir bei jungen Pferden sehr aktiv mit einem deutlichen Raumgeben, mit einer aktiven Zugewandtheit, mit aufwendigen Kaubewegungen und einem infantilen Gesichtsausdruck. Es wirkt mit dem weichen, beweglichen Körper und den aktiven Gesten deutlich weniger unterwürfig als beispielsweise bei einem Hund, der sich verlangsamt abduckt und seine Seite präsentiert. Dieser Funktionskreis gehört entscheidend in das Verhaltensrepertoire von in Gruppen, Herden, Familien organisierten Gattungen, denn er ist wie ein Friedensstifter oder Streitschlichter.

Das Ausdrucksverhalten äußert sich räumlich immer mit einer Querstellung des Körpers, mit Blickkontakt mit Lidschlag, einem beweglichen Ohr, beweglichen Hals und einer eher weichen Oberfläche.

**004**
Zum Film: Ausdrucksverhalten Devot

*Devotes Verhalten entspannt die Situation sofort.*

*Zugewandt, aufrecht und weich ist das aktive Angebot.*

005
Zum Film: Ausdrucksverhalten Flucht

## FLUCHT

Entschieden den Ort verlassen, auf allerschnellstem und direktem Weg verschwinden, sich mit Haut und Haar in Sicherheit bringen, das ist Fluchtverhalten, eine lebensnotwendige Möglichkeit, die jeder von uns in sich tragen sollte, so natürlich auch jedes Pferd. Wunderbar ist es, wenn es bei der Möglichkeit bleibt und es niemals als Tatsache benötigt wird.

Als ein riesengroßes Scheunentor umfiel, während ich mit meinem Westfalen Wallach Berti darunter herging, ergriffen wir beide reflexartig die Flucht. Berührend war, dass er sofort zu mir lief und Schutz suchte. Es gab mir das warme Gefühl, sein Zuhause zu sein, und das half uns beiden über den Schock hinweg. Wie gut, dass wir einen ausgeprägten Fluchtreflex besaßen, und noch besser, dass wir ein stabiles Bindungssystem besitzen, das das Bedrohungssystem sofort wieder beruhigt (Seite 106).

Das Ausdrucksverhalten in der Flucht zeigt sich durch ein weitgestelltes Auge ohne Lidschlag, einen nach hinten gezogenen Mundwinkel, stark geweitete Nüstern, einen hoch getragenen Kopf, einen klemmenden Schweif, einen massiv angespannten Körper und ein absolut auf Alarm geschaltetes vegetatives Nervensystem. Die räumliche Sprache ist eindeutig der Situation abgewandt. Hier erkennen Sie, dass das Pferd, das aus der Ecke springt, sich nicht unbedingt im Fluchtmodus befindet, sondern vielleicht einfach nur im Wegdrängen. Ob Sie Ihr Pferd nun also beruhigen oder regulieren müssen, dass finden Sie an seinem Ausdrucksverhalten heraus.

## AKTIVES ANGEBOT

Es wirkt wie ein Kompliment, dass das Pferd seinem Menschen oder auch einem anderen Pferd entgegenbringt. Es ist ein aufrechter, zugewandter Körper, ein positiver Blick inklusive Lidschlag, ein bewegliches Ohr, Maulaktivität, eine entspannte Atmung. Räumlich finden wir eine Seit-

*Es ist der Nährboden für eine vertrauensvolle und tiefe Bindung.*

wärtsbewegung und Seitenansicht vor. Das aktive Angebot schmeckt wie Kakao mit Sahne und tut unfassbar gut. Das zugewandte, wirklich aufrichtig interessierte Pferd, das Witz hat, das innerlich losgelassen ist und weich, selbstbewusst und höflich. Ein Pferd, dass einem gerne Wünsche erfüllt, sich bemüht, die richtige Lösung zu finden, motiviert mitarbeitet, mitdenkt und auf seinen Menschen achtet. Ein solches Pferd hat entweder viel „will to please", also den Funktionskreis Aktives Angebot, oder es wurde sehr gut dorthin geschult, dass es mit aufrechter Freundlichkeit gut durchs Leben kommen kann.

## CHARAKTER UND LERNMUSTER

Wie Sie als Glücksschmied die Funktionskreise verändern können, werden Sie in diesem Buch erfahren. Ein großer Teil Ihrer Arbeit wird sich dem Bindungstraining widmen, ein anderer möglicherweise der Korrektur des Lernmusters und der inneren Haltung. Die Funktionskreise wachsen oder reduzieren sich mit Lernerfahrungen, die das Pferd im Laufe des Lebens macht. Wir, als Erziehungsberechtigte, als Coach und Partner, haben eine große Verantwortung in der Gestaltung dieses Lernmusters und im Strukturieren der inneren Haltung. Die Züchter haben eine große Verantwortung in der genetischen Anlage des Charakters. Um den Dialog auf ein objektives Niveau zu bringen, helfen die Kenntnisse der Funktionskreise ungemein. So schaffen Sie es, in das Ausdrucksverhalten Ihres Gegenübers nicht Ihre emotionale Übersetzung hineinzulegen, sondern objektiv zu beschreiben, was für Signale Sie wirklich wahrgenommen haben.
Dies ist ein sehr wichtiger und großer Schritt, um dem Gesprächspartner eine eigene Wirklichkeit, eigene Gefühle und den damit individuellen Ausdruck zuzugestehen. Es ist auch ein sehr wichtiger, großer und entscheidender Schritt, um Missverstehen gegen Verstehen zu tauschen.

**006**
Zum Film: Ausdrucksverhalten Aktives Angebot

# DIE WERKZEUGE DER HARMONILOGIE

In der HarmoniLogie® ist – wie in jedem Handwerk – der sichere Umgang mit den Werkzeugen für den gesamten Ausbildungsweg von enormer Bedeutung. Alles, was wir später erreichen wollen, können wir nur erreichen, wenn die Basis gut ist. Ich beschreibe es auch gern mit dem Bild von vier Säulen, auf die man ein Haus bauen will. Habe ich stabile Säulen, dann kann es eine Villa, ja ein Schloß werden. Sind die Säulen nicht gut oder ungleich, vielleicht sogar wackelig, dann wird es nur ein Zelt. Entscheiden Sie, worin Sie später mit Ihrem Pferd wohnen wollen.

Im Folgenden stelle ich Ihnen jedes Werkzeug in seiner Bedeutung, Verwendung, Entwicklung und mit seinen möglichen Schwierigkeiten vor. In der Gesamtheit der Ausbildung begünstigen sich die Werkzeuge untereinander. Von daher wachsen sie mit dem Voranschreiten der Ausbildung gleichmäßig mit.

*Die HarmoniLogie® bietet jeder Ausbildung ein stabiles und in sich schlüssiges Fundament.*

*Das zugewandte Pferd hört dem Menschen zu.*

*Der Dialog soll leicht und freundlich sein.*

## 1. DIE ANSPRECH-BARKEIT

### WAS BEDEUTET DAS?

Der Name des Tieres gleicht einer Telefonnummer: Wenn Sie diese Nummer wählen, dann garantiert das Pferd, an den Hörer zu gehen und gesprächsbereit zu sein. Das bedeutet aber auch, dass Sie, wenn Sie den Namen Ihres Pferdes aussprechen, auch wirklich seine Aufmerksamkeit bekommen wollen. Es ist genau wie im zwischenmenschlichen Bereich: Ich spreche jemanden an und erwarte eine Form von Achtsamkeit, von Höflichkeit, von Zugewandtheit.

### WOFÜR BRAUCHE ICH DAS?

Die Ansprechbarkeit wird benötigt, um das Pferd räumlich und emotional zu orientieren, es zu uns zu rufen, seine Konzentration auf uns zu fokussieren. Wir brauchen sie in der Freiarbeit, um das Pferd zu wenden und die innere Hilfe zu stabilisieren; beim Führen, um den Fokus auf uns zu richten, beim Reiten, um Außenreize zu minimieren, indem wir den inneren Reiz größer werden lassen. Die Ansprechbarkeit ist die private Handynummer Ihres Pferdes. Wenn sie gut geschult ist, dann geht Ihr Pferd immer dran – kein Funkloch, kein leerer Akku und das Handy ist immer parat. Es fühlt sich an wie im Paradies, das kann ich bestätigen.

### WIE UNTERRICHTE ICH DAS?

Zunächst muss der Mensch lernen, den Namen nur auszusprechen, wenn er wirklich in Kontakt mit dem Pferd treten möchte und bereit ist, diesen auch einzufordern. Dann beginnen wir das Training in einer reizarmen, dem Pferd bekannten Umgebung, zum Beispiel dem heimischen Paddock, der Box, dem Putzplatz. Das Pferd ist an einem Halfter, sein Mensch steht auf Schulterhöhe, dem Pferd zugewandt. Nun sagt er leise und freundlich den Namen. Jetzt gibt es zwei Möglichkeiten:

1. Das Pferd reagiert. Es wendet ein Ohr zu seinem Menschen und nimmt ihn mit dem zugewandten Auge in den Fokus. Dann wird gelobt und gekrault (siehe Lobbarkeit).
2. Das Pferd reagiert nicht. Das ist nicht schlimm. Es weiß ja vielleicht noch gar nicht, wie es heißt und was es tun soll. Dann beginnen wir mit der Störbarkeit (Seite 42). In dem Moment, in dem das Pferd uns wahrnimmt, sagen wir wieder leise und freundlich seinen Namen und beginnen zu loben.

Mit zunehmendem Erfolg kann die Reizlage langsam gesteigert werden. Das Pferd darf Umweltreize wahrnehmen, sollte auf seinen Namen aber reagieren.

**007**
Zum Film: Ansprechbarkeit

## WAS MACHE ICH, WENN?

Bereits hier gibt es einige Fehlerquellen. Eine ist gewiss die Ungeduld des Menschen, der mangelnde Überblick über die Reizlage, das nicht korrekte Arbeiten über das Ampelprinzip. Darum möchte ich das hier erklären. Eine Ampel hat drei Farben, aber vier Phasen.

1. Grün: das freundliche Aussprechen des Namens, entspannt und zugewandt.
2. Orange: ein Störsignal (Seite 42) wie „Na, na".
3. Rot: Aktivität, z. B. Spannung aufbauen, Strick schütteln, an die Jacke klopfen.
4. Grün: Die vierte Phase ist wieder grün, denn wir wollen ja zurück in die Harmonie – und das ist das wiederholte, freundliche Aussprechen des Namens, den wir dann auch als Lobwort artikulieren.

Wenn ich die Aufmerksamkeit meines Pferdes nicht erlange, dann überprüfe ich, ob die Reizlage zu hoch ist und ob die Lektion hierfür genügend gefestigt ist. In den meisten Fällen ist es sinnvoll, die Übung an einem reizärmeren Ort zu wiederholen. Wenn sie auch hier defiziös beantwortet wird, dann habe ich das Pferd überfordert und gehe innerhalb der Ausbildung noch einmal zurück.

## DER TASCHENANRUF

Sie kennen das vielleicht: Es gibt Menschen, die sperren ihr Telefon nicht, und wenn es in der Jackentasche ist, dann kann es sein, dass es selbstständig das Namensregister öffnet und auf „Wählen" geht. Derjenige, der dann angerufen wird, nimmt ab und hört lediglich das Geraschel aus der Jackentasche. Wenn das mehr als drei Mal innerhalb derselben Verbindung passiert, dann nehmen Sie wahrscheinlich von dieser Person keinen Anruf mehr entgegen, weil Sie vermuten, dass es eh nur ein Taschenanruf ist. Vielen Tieren geht das so, denn viele Menschen sagen zwar den Namen des Tieres, haben aber keinerlei Erwartung an eine verbindliche Reaktion. Das Pferd hört also seinen Namen, hat aber schon lange begriffen, dass es gar nicht gemeint ist. Um das zu vermeiden, sollte der Mensch lernen, die Verbindlichkeit, die er erwartet, auch selbst zu leisten.

*Über den Namen den Blick des Pferdes zu holen …*

*… ist eine spielerische Übung.*

*Wenn Vertrauen und Respekt im Einklang sind, dann nimmt das Pferd das Lob eindeutig an.*

## 2. DIE LOBBARKEIT

### WAS BEDEUTET DAS?

Die Lobbarkeit bezieht sich auf das angemessene Annehmen von Lob. Hierzu gehört im Umkehrschluss auch das angemessene Loben. Und genau das wird geübt. Die Intensität des Lobes soll ein Feedback erwirken, das eindeutig, intensiv und losgelassen ist.

### WOFÜR BRAUCHE ICH DAS?

Wenn ich meinem Tier markieren möchte, was es gut gemacht hat, wenn es die richtige Lösung gefunden hat, auch wenn es sich einfach nur Mühe gibt, die richtige Lösung zu finden. Ich brauche die gut gearbeitete Lobbarkeit, um dem Tier Komfortzonen zu bieten, ihm den Erfolg zu kennzeichnen – vor allem aber, um ihm das Gefühl von Zuhause zu geben, denn dann aktiviere ich das Bindungssystem. Die Lobbarkeit ist in meinen Augen generell das absolut wichtigste Werkzeug in der Tierschule, meistens wird viel zu oberflächlich gearbeitet.

### WIE UNTERRICHTE ICH DAS?

Auch hier suchen wir uns eine reizarme Umgebung, ein sicheres Umfeld und sichern das Pferd am Halfter. Dann beginnen wir, es zu berühren und suchen seine Lieblingskraul- und -krabbelstellen. Das Feedback des Pferdes soll, wenn es fertig gearbeitet ist, eindeutig mit innerer Losgelassenheit, mit dem Langziehen der Oberlippe, Lidschlag, einem beweglichen Ohr, mit Recken und Strecken des Halses sowie mit dem Anheben der Schweifrübe gefüllt sein. Vorher sollten Sie nicht aufhören, die Lieblingsstellen zu suchen.

*»Freude lässt sich nur voll auskosten, wenn sich ein anderer mitfreut.«*

*Marc Twain*

*Lassen Sie sich Zeit für das Lob, das intensiviert seine Wirkung und die Bindung gleichermaßen.*

*»Vertrauen ist keine Lektion, mit der wir Preise gewinnen, Vertrauen ist die Grundlage jeder Lektion.«*

Das ist in der Tat Bindungstraining. Wenn es nicht gleich von Anfang an klappt, dann braucht die Beziehung vielleicht noch etwas mehr Training und Zeit, um sich zu entwickeln. Je ausgiebiger Sie sich mit der Lobbarkeit befassen, umso tiefer wird die Beziehung zu Ihrem Pferd, umso kritikfähiger, belastbarer, stabiler wird das ganze System.

## WAS MACHE ICH, WENN?

Häufig begegnen mir Menschen mit den Worten: „Aber mein Pferd mag das nicht!" Dann frage ich immer: „Darf ich mal?" Oft zucken die Pferde schon bei der ersten Berührung weg, haben eine Spannung in der Oberfläche oder versuchen gar, sofort mit dem ganzen Körper auszuweichen. Mit etwas Zeit im Gepäck stelle ich das Pferd dann seitlich an eine Wand, bleibe mit meiner Position an der Schulter und beginne es zu streicheln, fast zu massieren. Je weniger es wegdrängt, je mehr es loslässt, umso intensiver wird meine Berührung. Ich beobachte dabei das Auge, den Lidschlag, das Maul (ob es sich bewegt), das Ohr (ob es entspannt), die Atmung (ob sie tief und gleichmäßig wird). Das kann schon mal etwas dauern. Ich passe dann immer den Moment ab, wenn das Pferd weich wird und beginnt, die Berührung anzunehmen,

Vertrauen zu entwickeln und das Abwehrverhalten keinen Erfolg mehr hat. In diesem Moment höre ich auf und gehe eine Pferdelänge geradeaus, halte wieder an und beginne von Neuem. Loben, bis das Lob wirkt!
Ja, an diesem Tag bleibt dann keine Zeit mehr zum Reiten. Dafür haben wir aber etwas viel Wichtigeres geübt: Das Werkzeug, das den Schlüssel zum gemeinsamen Glück mit sich bringt.

**Was mache ich, wenn mein Pferd während dieser Übung immer nach außen schaut und mich gar nicht wahrnimmt?**
In diesem Fall würde ich überprüfen, ob für die ersten Schritte der Raum reizarm genug ist. Ein Pferd, das noch nicht gelernt hat, den Menschen als Komfortzone wahrzunehmen, kann sich manchmal noch nicht auf diese Art der sozialen Fellpflege einlassen. Jeder Außenreiz ist dann wichtig. Bitte geben Sie nicht auf, die Lobbarkeit zu üben. Es ist ein entscheidender Schritt, um überhaupt mit der Ausbildung fortzufahren.

**Was mache ich, wenn mein Pferd sich an der einen oder anderen Körperstelle nicht anfassen lassen will?**
Das ist nicht schlimm, solange es keine offensive Abwehr (siehe Seite 31) ist. Weicht das Pferd nur defensiv aus oder spannt sich an, dann suche ich eine Körperstelle zum Kraulen, die es dem Pferd leichter macht, mich zuzulassen und entwickle mich von dort weiter.

**Was mache ich, wenn es mir offensiv droht, beißt oder tritt?**
Wenn das Bindungssystem des Pferdes so ruiniert wurde, dass es eine einfache Berührung gleich in einen offensiven Angriff umwandelt, dann suche ich mir eine Position bei dem gut angebundenen Pferd, in der ich in Sicherheit bin, zum Beispiel die Schulterposition. Von hier aus beginne ich, das Pferd mit Äpfeln und Möhren zu füttern, denn auch Nahrung stärkt das Bindungssystem. Zeitgleich kraule ich es am Widerrist und beginne, den Mähnenkamm zu massieren. Erst wenn ich hier sein Einverständnis habe, nähere ich mich dem Kopf oder dem Rücken mit meinen Händen. Wichtig ist, dass ich erst aufhöre, wenn das Pferd nicht mehr droht und zur Ruhe kommt, denn nur so kann es verstehen, dass Abwehr nicht die richtige Lösung ist.

**008**
Zum Film: Lobbarkeit

*Die Suche nach der Lieblingskraulstelle …*

*… ist bereits ein kleiner Dialog.*

## 3. DIE STÖRBARKEIT

Aufwecken, unterbrechen, orientieren. Mehr soll ein Stören nicht sein. Ein Schnalzen, ein Klopfen, eine leichte Spannung im Oberkörper kann bereits eine Störung sein, auch ein Lob, ein Ansprechen, ein Außenreiz zählen dazu. Beim Reiten ist das Verlagern (manchmal auch Verlieren) des Gleichgewichts eine deutliche Störung. Wenn wir von „Störbarkeit" sprechen, dann beziehen wir uns auf die Fähigkeit im Pferd, sich in seinem Denken und Handeln unterbrechen zu lassen. Beim Reiten nennen wir das „Durchlässigkeit".

### WOFÜR BRAUCHE ICH DAS?

Die Störbarkeit legt den Grundstein für die Durchlässigkeit. Sie ist die Möglichkeit, das Pferd zu begrenzen, erst räumlich, dann leiblich und später auch akustisch (siehe Seite 76, Sprachhygiene). Ich kann ein Pferd, das zum Beispiel nicht auf die Ansprechbarkeit reagiert, über die Störbarkeit verändern, aufwecken, achtsam machen – so, dass es wieder bereit ist, auf die Ansprechbarkeit zu reagieren. Die Störbarkeit verschafft dem Störenden den Respekt, den er braucht, um wichtiger zu sein als der Außenreiz.
Eine gut gearbeitete Störbarkeit schult die Akzeptanz der Hilfen und hilft, Kontrollverlust zu vermeiden. Sie ist wie eine gute Streitkultur im Einverständnis beider Gesprächspartner und sichert das Vertrauen auf Grund des gegenseitigen Respekts.

### WIE UNTERRICHTE ICH DAS?

Wie alle anderen Werkzeuge auch schulen wir die Störbarkeit in einem sicheren und reizarmen Ambiente. Das Wichtigste an der Störbarkeit sind der innere Frieden sowie die grundsätzlich wohlwollende Haltung dem Pferd gegenüber. Ich möchte erreichen, dass die Orange-Phase meiner Ampel ausreicht, damit ich zur Abgrenzung auf gar keinen Fall das Pferd berühren muss. Dafür sollte ich mich gut konzentrieren und sehr korrekt nach dem System der Ampel arbeiten.
Wir benutzen zwei unterschiedliche Störlaute:

1. Das „Na". Es dient der Ankündigung einer körperlichen Berührung, zum Beispiel für den Fall, dass ich das Pferd mit der Gerte anregen möchte, die Hinterbeine zu bewegen, oder wenn ich beim spanischen Schritt wünsche, dass es das Vorderbein hebt. Ebenso benutzen wir das „Na", bevor Daumen und Zeigefinger das Nackenband berühren, damit das Pferd den Kopf senkt, oder ehe der Zeigefinger das Röhrbein berührt, damit das Pferd den Huf gibt. Das „Na" heißt so viel wie: Aufgepasst, gleich berühre ich dich. Es führt dazu, dass das Pferd nicht überrascht ist, wenn es plötzlich berührt wird, sondern lernt, sich darauf einzulassen.
2. Das „Nein, nein, nein". Dieses als Melodie gesprochene Störsignal wird vor allem in der Freiarbeit angewandt, es bedeutet so viel wie: Vorsicht, du bist auf dem Holzweg. Bitte mache mir ein aktives Angebot und wende dich mir zu. Es ist die Ankündigung, dass im nächsten Moment eine Tür vor dem Pferd geschlossen wird. Die differenzierte Störung hilft dem Pferd, sich gut zu orientieren. Es ist nur an uns Menschen, diesen Vorgang zu verinnerlichen.

Ich stelle mich neben das Pferd, welches ich am Führstrick halte. Nun sage ich aus dem Zusammenhang heraus das Störsignal: „Nein, nein, nein". In dem Moment, wo das Pferd nicht wach und konzentriert auf mich reagiert, baue ich eine Körperspannung auf und beginne, etwas impulsiver einzuwirken, genau so viel, wie es braucht, damit das Pferd mich wahrnimmt. Erkenne ich das, wandle ich die Impulsivität unmittelbar in Harmonie: Ich gebe dem Pferd Raum und

*Ist das Pferd in der Ansprechbarkeit offline …*

*… erarbeite ich die Gesprächsbereitschaft über ein …*

*… Aufwecken, um es dann mit der Ansprache wieder zu loben.*

lobe es aktiv für sein Feedback auf meine Frage. Diesen Vorgang schule ich, ohne dass das Pferd einen Fehler gemacht haben muss. Es geht nicht um ein Strafen oder Einschüchtern, es geht darum, dass das Pferd erlernen kann, wie es einen Reiz abstellen kann. Und je schneller es den Reiz abstellt, umso schneller findet es sich in einer liebevollen Komfortzone wieder.
Das berührungsbezogene Störsignal „Na“ wende ich immer dann an, wenn ich plane, das Pferd auffordernd zu berühren – also bei jedem Anheben der Füße, beim Herumdrücken auf der Stallgasse, beim Anlegen der Gerte.

## WAS MACHE ICH, WENN?

**Was mache ich, wenn mein Pferd einfach nicht auf die Störung reagieren will?**
Dann schaffe ich ein reizarmes Ambiente und packe mir gute Laune ein. Ich versuche herauszufinden, worauf (also auf welchen Reiz) mein Pferd bereits einmal reagiert hat. War es das Aufspannen meiner Körperachse, ein Aufstampfen, das Kreiseln des Führstrickes, das Flattern einer Plastiktüte, das Klatschen an meine Jacke, das Wippen mit der Gerte? Wenn ich es nun schaffe, diesen Reiz anzuwarnen, also über das „Nein, nein, nein“ dem Pferd zu signalisieren: „Vorsicht, gleich stampfe ich …“, hat das Pferd eine sehr artgerechte und faire Chance, diesen Reiz abzustellen, bevor er erscheint. Sie erinnern sich an Violetta, die schöne Stute, die die Trense nicht akzeptiert hat, weil jemand sie damit gekniffen hat (Seite 17)? Dies war eine vorgelagerte Abwehr. Das bedeutet, dass das Pferd auf die Warnung eines adäquaten Reizes reagiert, in dem Wunsch, diesen abzustellen. Die Stute hatte mit ihrer starken Reaktion Erfolg. In dem Moment, in dem ich die Störbarkeit schule, nutze ich genau diesen Lernprozess: „Die Abstellbarkeit der Störung mit Finden der richtigen Lösung.“ Das heißt nur, dass das Pferd lernt, dass Sie keine Spannungen

*Der feine Dialog enthält freundliches Raum geben …*

*… ebenso wie Raum fordern.*

erzeugen werden, wenn es auf das „Nein, nein, nein“ unmittelbar reagiert. Nur, dass ich nicht bereit bin, das Tier zu kneifen. Der Reiz sollte im besten Fall ohne Körperkontakt einhergehen.

**Was mache ich, wenn mein Pferd sich in der Störung frontal vor mich stellt?**
Dann werde ich versuchen, so schnell wie möglich wieder in die Schulterposition zu kommen und jede Form der Frontalstellung (siehe räumliche Sprache Seite 59) zu vermeiden. Dafür halte ich den Führstrick kurz und gehe zielgerichtet in die Schulterposition. Sowie das Pferd diese Position wieder akzeptiert, muss die Situation zur Ruhe kommen und die Lobbarkeit bekommt viel Raum und Platz.

**Was mache ich, wenn mein Pferd in der Störung sehr stark zurückweicht?**
Dann sollte ich unbedingt an der Schulter bleiben, eventuell auch seitwärts-rückwärts mitlaufen, und sehr schnell versuchen, das Pferd wieder nach vorn zu treiben. Ich halte also den Raum in der Position zum Pferd. Im neugefundenen Vorwärts lobe ich das Pferd dann erst einmal so lange, bis das Lob wirkt.

## 4. DIE ABGRENZBARKEIT

Die Abgrenzbarkeit ist die stille Dominanz von Raum und Zeit. Jedes in Gruppen organisierte Individuum braucht ein Regulativ und stellt zur selben Zeit das Regulativ für ein anderes Individuum dar. Die Abgrenzbarkeit ist die Basis der räumlichen Sprache. Wir üben sie wie alle anderen Werkzeuge auch aus dem Zusammenhang heraus. Raum erkennen, Raum halten, Raum geben und Raum fordern, das bedeutet räumlich denken, räumlich sprechen. Und das alles freundlich und bewusst – das entspricht dem Naturgesetz der Sprache, das ist HarmoniLogie®.

### WAS BEDEUTET DAS?

Ein Pferd mit einer gut geschulten Abgrenzbarkeit ist in der Lage, das Fordern von Raum durch seinen Menschen unaufwändig und leicht zu beantworten. Es gibt entspannt und unaufgeregt den geforderten Raum, ohne devot oder instabil zu werden. Es wirkt, als gebe es den Raum gern, sich selbst bewusst darüber, dass es kein Unterwerfen, sondern ein Kommunizieren ist –

ein entscheidender Aspekt im Umgang mit seinem Gegenüber, welcher auf einer Augenhöhe sein sollte.

## WOFÜR BRAUCHE ICH DAS?

Die Abgrenzbarkeit benötigen wir, um die Tanzbereiche zu definieren, um Spur zu halten, auch um Spur darzustellen, um sich gegenseitiges Einverständnis zu holen, um friedschaffend Räume zu regulieren, vielleicht auch Dominanzen zu klären. Ich benötige das in allen Bereichen, in denen ich leiblich mit dem Pferd zu tun habe, es ist die Basis der Bodenarbeit, des Führens, der Freiarbeit und die Vorbereitung für das Arbeiten aus dem Sattel. Die räumliche Sprache gibt dem Pferd Orientierung und führt zu einer Einigung zwischen zwei Spezies aufgrund der Naturgesetze der Sprache.

## WIE UNTERRICHTE ICH DAS?

Das am Halfter geführte Pferd soll lernen, dem Menschen, wenn er Raum fordert, auch Raum zu geben. Hierfür befindet sich der Mensch an der Schulter des Pferdes und führt in der dem Pferd zugewandten Hand den Führstrick. Mit der dem Pferd fernen Schulter bewegt der Mensch sich nun auf das Pferd zu, das Brustbein ist Richtung Buggelenk des Pferdes gerichtet, die äußere Hand führt die Gerte. Das akustische Signal ist das normale „Und an“, denn wir fordern im Grunde genommen eine Vorwärtsbewegung. Die Füße wollen in die Fußstapfen der Vorderhufe treten, die Ausweichbewegung des Pferdes gleicht einer Rückwärts-seitwärts-Bewegung. Weicht das Pferd nicht aus, dann sage ich freundlich und ruhig „Na“ und kündige damit einen leicht klopfenden Impuls am Atlas an (erster Halswirbel hinter dem Kopf), solange und so intensiv, bis das Pferd bereit ist, auszuweichen. Dann sage ich wieder ruhig und ebenso freundlich „Und an“. Schon nach einem Schritt kann ich aufhören, Raum zu fordern, und das Pferd ausgiebig loben.
Je kleinschrittiger, je freundlicher, je klarer ich das schule, umso schneller wird es verstanden, denn das Raumfordern sollte das Pferd nicht bedrohen, sondern nur aktivieren. Wichtig ist hier, dass der Mensch das Pferd nicht angreift und versucht, ihm nicht zu nahe zu kommen. Das Pferd soll einen Abstand zum Menschen aufbauen und sich räumlich regulieren lassen. Das bedeutet auch, dass der Mensch damit in der Lage ist, das Pferd in jede Himmelsrichtung zu drehen und zu wenden, ihm „Spur vorzugeben“.

*Entspannt, aber eindeutig sollen wir Menschen …*

*… die Richtung sowie den Raum regulieren können.*

## WAS MACHE ICH, WENN?

**Was mache ich, wenn mein Pferd innerhalb dieser Fragestellung versucht, sich frontal vor mich zu stellen?**
Dann korrigiere ich meine Bewegungsintention deutlicher in die Schulter und bleibe innerhalb der Bewegung dort. Ich halte den Raum, also die Position zum Pferd. Damit kann das Pferd mich nicht aus dieser Position herausbekommen und es kommt nicht zu einer Frontalstellung.

**Was mache ich, wenn mein Pferd rückwärts ausweicht und nicht seitwärts gehen möchte?**
Dann werde ich meine Bewegungsintention durch das Pferd hindurch etwas erhöhen und deutlich langsamer arbeiten.

**Was mache ich, wenn sich mein Pferd gar nicht von der Stelle bewegt?**
Dann muss ich sehr kurzfristig den Impuls am Atlas so erhöhen, sodass das Pferd doch wenigstens ein ganz kleines bisschen ausweichen möchte. Und dann sehr schnell loben, um danach die Lektion sofort zu wiederholen.

**Was mache ich, wenn mein Pferd sich zwar um die eigene Achse dreht, aber die Hinterbeine auf einer Stelle bleiben, so, dass es mich mit dem Buggelenk etwas wegschiebt?**
Dann werde ich den Führstrick etwas kürzer nehmen und mit der dazugehörigen Hand die Tür nach vorn etwas verschließen. Geht das Pferd auch nur einen Schritt rückwärts oder seitwärts, dann lobe ich sofort und höre mit der Übung auf.
Sie merken hier sehr deutlich, dass weniger meist mehr ist, dass Ruhe und Freundlichkeit den Ton im Umgang mit dem Pferd bestimmen und dass jede Form von Eskalation vermieden wird. Pferde tun Dinge, die Pferde halt tun. Und dazu gehört auch, einfach mal nicht den geforderten Raum zu geben.
Behalten Sie Ihre Fröhlichkeit und ebenso auch Klarheit. Wenn es Sinn ergibt, dann bestehen Sie auf der richtigen Antwort, geben Sie aber auch nach, wenn dieses sinnvoll ist. Es ist die Symbiose aus Dominanz und Kompromissbereitschaft, die einen guten Führungsstil ausmacht.

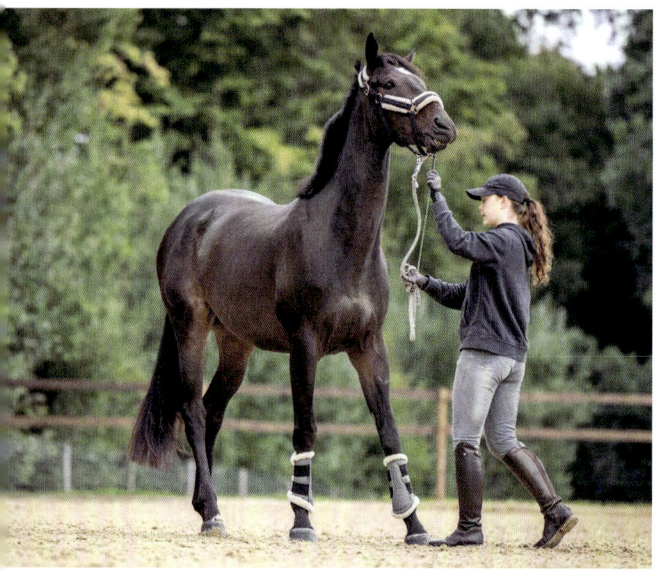

*Konflikte vertiefen sich im gegenseitigen Drohverhalten.*

## 5. DIE DREI ASPEKTE DER ANTWORT

Prompt, freundlich und korrekt – so soll am Ende der Ausbildung jede Antwort des Tieres kommen. Und diese Antworten sollen von einem motivierten, fröhlichen und entspannten Gegenüber sein. Wir haben hier tatsächlich ein Ranking.

1. **Prompt:** Es ist die Unmittelbarkeit der Reaktion, die wir in jedem Fall benötigen, um mit unserem Pferd in den Dialog zu treten. Prompt, schnell, auf Zack, vor der treibenden Hilfe, so können Sie es auch sagen. Wenn ich also die Telefonnummer meines Pferdes wähle, dann möchte ich nicht in einer Warteschleife

*»Sprich leise, denn er hört Dir zu.«*

hängen, hundertmal klingeln lassen oder mehrmals anrufen müssen. Ich möchte dann, dass es sofort reagiert, ohne dass ich die Reaktion bewerte. Es soll einfach drangehen, wenn es klingelt.

2. **Freundlich:** Freundlichkeit kommt weiter. Diese Aussage gilt für beide Gesprächsteilnehmer. Und so, wie ich die Menschen auffordere und schule, freundliche, ja integrative Fragen zu stellen, langsam und kleinschrittig zu fragen, so schulen wir auch die Pferde, mit der korrekten inneren Haltung zu reagieren. Die innere Haltung zu korrigieren ist gewiss eine der Aufgaben des Trainers und Coaches, des Erziehungsberechtigten. Aber vorsichtige, freundliche Fragen zu stellen, das ist ebenso seine Aufgabe. So, wie ich in den Wald hineinrufe, so kommt es auch wieder heraus. Die Klarheit der Pferde, ja ihre Ehrlichkeit, ihre Sensibilität, darf nicht unter dem menschlichen Befehlston leiden. Sie sollte sanft berührt und klar geführt werden.
3. **Korrekt:** Am Ende sollen die Tiere alles richtig machen, korrekt, perfekt, vollkommen. Dies ist der Aspekt, der den Menschen vordergründig so wichtig ist. Dressur kommt aber nicht von dressieren, weder die Reitdisziplin noch die Arbeit in der Freiheit. Dressur kommt von kommunizieren, davon bin ich überzeugt. Die Korrektheit der Antwort sollte im Ranking der drei Aspekte immer an dritter Stelle stehen. „Prompt" und „freundlich" sind viel wichtiger, denn einem Tier, welches unmittelbar auf mich reagiert und mir zugewandt ist, dem kann ich immer alles erklären. Wenn mir jemand zuhört, kann ich mit ihm alles entwickeln, ihm helfen, mit ihm ein Team werden. Und darum geht es doch. Oder bei Ihnen nicht? Sie wollen mit Ihrem Pferd ein Team sein, egal in welcher Disziplin, sich verstehen, vertrauen, Freude haben und Erfolg? Dann müssen Sie offen sein füreinander und sich zuhören, dann müssen Sie Bindung aufbauen und Vertrauen, und dann erst, dann kommen die Lektionen.

Es war mein Deutschlehrer, der mich das lehrte. Häufig mussten wir Gedichte auswendig lernen und dann aufsagen. Sie kennen es vielleicht auch, diesen Blackout. Die erste Strophe klappt noch ganz gut, und dann geht es im Kopf einfach nicht weiter, obwohl Sie sicher waren, gründlich gelernt zu haben. Mein Deutschlehrer also, wenn er merkte, dass es nur ein kleiner Blackout, eine Ladehemmung war, sagte dann leise und obwohl es eine Prüfungssituation war, die ersten zwei, drei Worte der Strophe, bei der es hakte. Und schon kam das eigene Gehirn wieder auf den richtigen Weg und es wurde für alle ein Erfolg. Mehr noch als das: Er schaffte Vertrauen. Vertrauen zu ihm, Vertrauen zu sich selbst und Zuversicht, dass man alles meistern kann.
Genauso verhält es sich mit den drei Aspekten der Antwort. Ist man online, zugewandt und bemüht, dann kann einem in die richtige Lösung auch geholfen werden. So wenden wir es in der HarmoniLogie® bei den Tieren an. Ich bin meinem Deutschlehrer zutiefst dankbar für die Lektion der Empathie, an der er mich teilhaben ließ.

## ALLES MITEINANDER

Diese drei Aspekte der Antwort setzen wir nun auf unsere vier Werkzeuge.
In der **Ansprechbarkeit** klingt das so: Das Pferd ist unmittelbar ansprechbar, dabei freundlich, und lässt sich in die richtige

Position bringen. Somit ist mein Pferd immer und mit Leichtigkeit klar orientierbar, und nicht nur das: Während ich es räumlich und emotional orientieren kann, macht es mir auch noch höfliche, zugewandte Angebote. Das fühlt sich an, als ob ich auf Wolken laufen könnte!

In der **Störbarkeit** würden die drei Aspekte der Antwort wie folgt klingen: Mein Pferd reagiert nicht auf den Namen, kein Problem: Ich sage leise „Nein, nein, nein" und es schaut mich an, wendet sich mir zu und nimmt mich in seinen Fokus. Es wartet auf die weiteren Informationen. Was für ein starkes Gefühl. Ein Wort, und ich kann dieses wunderbare, starke Tier einfach stoppen und wenden, ohne dass es einknickt, Not hat, demütig wird oder stramm. Die Unmittelbarkeit in der Störbarkeit gibt einem das Gefühl, die Kontrolle zu behalten. Und nun, wo es bereit ist, mir zuzuhören, kann ich ihm sagen, was ich mir wünsche. In diesem Fall die Unmittelbarkeit und korrekte innere Haltung in der Störbarkeit.

Die drei Aspekte und die **Lobbarkeit** ergeben dieses Ergebnis: Das Feedback schmeichelt, wenn Sie es selbst erleben. Sie kraulen in einer hohen Reizlage den Hals Ihres Pferdes und es lässt selbigen fallen, macht selbst in einer fremden Situation sofort eine lange Nase und lässt sich mit Haut und Haaren auf Ihr Komfortzonentraining ein. Das geht runter wie Öl und stärkt das Bindungssystem auf beiden Seiten. Das Bewusstsein, dass Ihr Pferd sich trotz des Umweltstresses in Ihre Hände fallen lässt, ist in der Tat ein großes Kompliment an Sie, an Ihre Arbeit, und bestärkt Sie darin, dass das Bindungssystem gut und solide aufgebaut wurde. Es gibt Ihnen eindeutig das Gefühl, dass Sie das Zuhause Ihres Tieres sind – und das ist ein gutes Gefühl. Und stellen Sie fest, dass dem so nicht ist, dann verzagen Sie nicht, sondern arbeiten Sie an dem Bindungssystem, an der Lobbarkeit so lange, bis das Ausdrucksverhalten Ihres Pferdes zu Ihren Fragen passt.

**009**
Zum Film: Das Abrufen

*Hat das Pferd gelernt zuzuhören, …*

*… ist es mit dem Namen klar orientierbar …*

*… und in der Freiarbeit jederzeit leicht abrufbar.*

Sehen wir die drei Aspekte in der **Abgrenzbarkeit**, dann ist das die richtige Reaktion: Raum und Zeit mit Leichtigkeit, ohne Widerstand regulieren zu können; das Gefühl, dass mein Gegenüber ohne Probleme meine Individualdistanz respektiert und entspannt außerhalb meines Tanzbereiches bleibt, lässt nicht nur mein Selbstbewusstsein wachsen, sondern bringt mich auch leiblich in Sicherheit. Immerhin spielen hier 600 kg Pferd mit 60 kg Mensch. Wenn sich da jeder an seine Regeln hält, macht das Spielen sogar Spaß.
Haben Sie schon einmal mit Ihrem Pferd gespielt? Meist kommt das Spielen, welches ja ein wichtiges Bindungselement zwischen Individuen sein kann, in unserer menschlichen Welt zu kurz. Manchmal ist das Spielverhalten geprägt von Dominanzgerangel, manchmal von Distanzlosigkeit. Und weder das eine noch das andere macht ausdauernd Spaß. Spielen wir also mit unseren Tieren, dann ist es sinnvoll, dass wir körperbezogen, unterlegen spielen, was so viel heißt wie: Ich gebe Raum und lasse mein Gegenüber gewinnen. Dennoch gibt es Spielregeln.
Es geht also nicht darum, sich wahllos von seinem Pferd durch die Bahn treiben zu lassen, sondern es geht darum, geschickt Wege abzukürzen, den anderen auszutricksen, um sich am Ende doch fangen zu lassen. Vor dem Hintergrund der gut erklärten Spielregeln macht es mit einem Pferd Spaß, echte Freude gemeinsam zu teilen. Vielleicht ist das ja eine gute Idee für Sie: Nach dem Training Ihrer Lektionen einfach mal abzusteigen und mit Ihrem vierbeinigen Partner ausgelassen Spaß zu haben.
Wenn Sie nun von Ihrem Pferd steigen und es zum Spielen motivieren wollen, wird vermutlich erst einmal nichts passieren. Versuchen Sie, das Pferd auf sich zu fokussieren und geben Sie ihm immer wieder Raum, weichen Sie ihm aus, und wenn es Sie verfolgt, dann loben Sie es ausgiebig. Spielverhalten kann man in einem Roundpen besonders gut entwickeln. Versuchen Sie, Ihr Pferd immer wieder zu wenden (siehe Freiarbeit, Seite 170) und ihm dabei Raum zu geben. Das alleine reicht bei den meisten Pferden bereits aus, um ein Spielverhalten zu erzeugen, eine Lust, sein Gegenüber zu verfolgen. Und wenn Ihr Pferd Sie „gekriegt hat" hat, dann feiern Sie es, suchen Sie die Lieblingskraulstelle und beginnen Sie mit sozialer Fellpflege – mit gut gearbeiteter Lobbarkeit.
Manche Pferde brauchen ein paar Tage, um sich auf die Spielangebote einzulassen, andere zünden sofort. Nutzen Sie es als Bindeglied zwischen sich und Ihrem Pferd und bauen Sie es klug und systematisch aus. Es ist gelungene Bindungsarbeit, es ist eine starke Lobbarkeit, es ist ein Schlüssel zum Glück.
Und hierfür benötigen wir die Unmittelbarkeit auf die Abgrenzbarkeit: Prompt Platz zu machen, wenn ich es brauche, freundlich, entspannt einfach Raum zu geben, das wünscht sich jeder, aber es scheint ein schwieriges Ziel. Doch jetzt nicht mehr, denn die HarmoniLogie® schult genau das – logisch, freundlich, integrativ, nach den Naturgesetzen der Sprache.

## MITARBEITER SCHULEN

Lieber angehender Glücksschmied, bei allen drei Aspekten habe ich bewusst mehr Wert auf die ersten beiden gelegt: die Unmittelbarkeit der Reaktion und die korrekte innere Haltung. Den dritten Aspekt, die korrekte Ausführung, können wir immer erreichen, wenn das Tier uns zugewandt und fokussiert ist. Wir schulen Mitarbeiter, motivierte, begeisterte, loyale Teamplayer, keine Soldaten, die aufmarschieren wie in einer Armee. Es ist wichtig, dass Ihr Pferd bereit ist, auf Sie zu reagieren, dass es gern reagiert und Ihnen Komplimente macht. Wenn es das tut, ist es an Ihnen, die richtige Lösung als Erfolgsstrategie zu präsentieren. Wenn Sie das können, dann haben Sie das Glücksschmiede-Abitur.

# DIE ERSTEN SCHRITTE IN DER GLÜCKSSCHMIEDE

Wie beginnt man denn eigentlich? Der allererste Schritt ist, sich ein Klassenzimmer einzurichten: ein ruhiges, reizarmes Ambiente mit einer sicheren äußeren Wand. Eine Longierhalle, ein Paddock, ein Reitplatz oder die Reithalle, fester, guter Boden in einem geschützten Raum. Dazu eine Unterrichtszeit, in der man etwas Ruhe findet und möglichst wenig äußere Einflüsse hat.

Und dann rüste ich mich und mein Pferd angemessen aus: feste Handschuhe, gutes Schuhwerk ohne Sporen. Ein gut verschnalltes, gut sitzendes Halfter mit stabilem, gutem Führstrick, gern Gamaschen an den Pferdebeinen und einen hochgeflochtenen Schweif. Dazu eine Gerte, ca. 1,50 Meter lang – und jede Menge innere Ruhe.

## BINDUNG SCHAFFEN

Es ist die Lobbarkeit, mit der man die Türen öffnet, die positive Kontaktaufnahme, mit der man sich begegnen sollte, um eine gute Lernatmosphäre zu schaffen. Und so beginnen Sie als angehender Glücksschmied einfach genau damit. Sie begeben sich mit Ihrem Pferd in das Klassenzimmer und suchen die Knubbelstellen und Lieblingskraulstellen Ihres vierbeinigen Partners.

010

Zum Film: Bindung aufbauen

Was mache ich, wenn mein Pferd dann aber
— nicht stillsteht,
— ständig scharrt und unruhig ist,
— mich rempelt,
— nach mir beißt oder tritt,
— mit dem Kopf schlägt?

Dann verlegen Sie diese ersten Schritte in die Box, an den Anbindeplatz, auf den eigenen Paddock (ohne andere Pferde), damit überhaupt erstmal das Feld für das Erarbeiten der Lobbarkeit hergestellt werden kann. Das Bindungssystem (Seite 94) baut sich nicht an einem Tag auf. Es ist eine Pflanze, die langsam wächst und viel Pflege braucht. Darauf sollte man sich vor allem als angehender Glücksschmied einlassen.

Bin ich in einer Situation, in der das Pferd meine Berührung mit Entspannung, im besten Fall mit Hingabe annimmt, dann beginne ich mit der Ansprechbarkeit. Da ich bereits zur Komfortzone meines Pferdes geworden bin, kann ich mich an seine Schulterposition begeben und leise und freundlich seinen Namen sagen. Nun können, wie Sie schon wissen, genau zwei Dinge passieren:

1. mein Pferd reagiert mit dem zugewandten Ohr und einem Blick oder
2. mein Pferd reagiert nicht.

Bei Ergebnis A steige ich sofort in die Lobbarkeit ein und bestätige das zugewandte Pferd mit Komfortzonentraining. Bei Ergebnis B beginne ich, zu stören: Ich sage leise und freundlich „Na" und baue, wenn das Pferd nicht reagiert, etwas Spannung in meinem Körper auf oder gebe einen kleinen Arrêt mit dem Führstrick (Vibration in Richtung Pferdekopf), solange, bis das Pferd mich wahrnimmt. In dem Moment sage ich wieder seinen Namen und lobe dann tüchtig. Sie sehen, die Anwendung der ersten drei Werkzeuge ist einfach. Es ist sinnvoll, wenn Sie diesen Ablauf als Trockenübung erst einmal mit einem anderen Menschen üben.

*Schaffen Sie sich schöne gemeinsame Momente, das verbindet.*

## LIEBEVOLLE KONSEQUENZ

Funktionieren die Übungen hier reibungslos, was schon nach wenigen Einheiten der Fall sein kann, dann können Sie nach und nach Reizlagen dazunehmen, inszenieren. Beachten Sie dabei die drei Aspekte der Antwort und seien Sie an dieser Stelle konsequent. Denn je gründlicher Sie hier arbeiten, umso schneller kommen wir zu den weiteren Lerninhalten, was auch immer Ihr individuelles Pferd lernen soll. Die Werkzeuge sollten Sie unbedingt sorgfältig arbeiten, das Bindungssystem nachhaltig entwickeln und die Sprachen gründlich schulen, denn das ist das Fundament, auf dem rundum wirklich alle Lektionen fußen.

### ☞ DAS TRAININGTAGEBUCH

Richten Sie ein Trainingsbuch oder auch Trainingstagebuch ein, um Ihr Training zu begleiten. Es hilft enorm dabei, Struktur in Ihre Vision, in Ihre Ziele, Ihren Jetzt-Zustand, in Ihre Fragen und Probleme zu bringen. Es hilft Ihnen aber auch beim Blick in den Rückspiegel, wenn Sie nach einigen Wochen des Trainings hineinschauen und erkennen werden, wie weit Sie es schon geschafft haben. Dieses Trainingsbuch sollte Ihr Vokabelheft sein, Ihre Rituale und vor allen Dingen Ihre Erfolge festhalten. Wir werden hier immer wieder auf dieses Büchlein eingehen. Übertragen Sie diese Art der Trainingsstruktur auf Ihr eigenes vierbeiniges Kunstwerk und feiern Sie gemeinsam die Erfolge.

# KOMMUNIKATION

## — *Im Dialog mit dem Pferd*

E

# DIE SINFONIE DER SPRACHEN

Wenn wir mit Tieren kommunizieren, dann sollten wir versuchen, die Kommunikationswege einzusetzen, die Tiere benutzen, um die gewünschten Informationen zu transportieren.
Schauen wir uns erst einmal drei Arten der Kommunikation an: die räumliche, leibliche und akustische. Und genau in dieser Reihenfolge erkennen Tiere Informationen. Sie bedienen Raum und Zeit aus dem Effeff. Sie können Räume unglaublich schnell erfassen, Fluchtwege erkennen, Distanzen berechnen und Blickrichtungen manipulieren. Sie haben nicht nur ein ausgezeichnetes räumliches Denken, sondern transportieren auch über die Art, wie sie sich im Raum bewegen, wichtige Informationen. Pferde sind als Herdentiere Experten für die räumliche Sprache. Ebenso sind sie sehr stark und differenziert im Ausdrucksverhalten, also in ihrer leiblichen Sprache, die wir häufig als Gestik oder Mimik bezeichnen. Die akustische Sprache, also die Form der Lautgebung, ist dagegen reduziert und überschaubar und nicht vergleichbar mit der unsrigen.
Menschen kommunizieren in erster Linie über die akustische Sprache und benutzen Worte – also akustische Synonyme für Gefühle, Erinnerungen, Gegenstände, Geräusche, Empfindungen und so weiter. „Sprache" bezieht sich vornehmlich auf die Lautgebung, also die akustische Kommunikation. Während wir uns mit der Sprache beschäftigen, die ja auch komplex, kompliziert und umfangreich ist, verlieren wir die anderen Kommunikationswege leicht aus den Augen. Die leibliche Kommunikation (Gestik, Mimik) mag für uns noch eine klare Bedeutung haben, bei der räumlichen Kommunikation aber müssen viele Menschen passen.

*Reiten als gelungener Dialog bedeutet, das Pferd zu fühlen.*

## NÄHRBODEN FÜR MISSVERSTEHEN

Genau diese unterschiedliche Priorisierung der Kommunikationswege ist Nährboden für die meisten Missverständnisse zwischen Mensch und Pferd.
Wir können diese Missverständnisse entlarven, klären und im besten Falle auch vermeiden, wenn wir in der Lage sind, unsere Kommunikationswege dem Ranking der Tiere anzupassen, und auch ihre Art der Kommunikation besser wahr- und somit ernstzunehmen. Es liegt auf der Hand, dass

*Achten Sie auf eine gute Sprachhygiene, wenn Sie den Dialog mit dem Pferd am Boden entwickeln.*

ein vertrauensvolles Miteinander entsteht, wenn wir besser verstehen und verstanden werden.

Das Verständnis über diese drei unterschiedlichen Kommunikationswege brauchen wir, um dem Pferd bestmögliche Unterstützung in der Ausbildung zu geben. Am Boden versteht es die räumliche und leibliche Sprache am besten.

Als Reiter benutzen wir andere Signale, die sich leiblich darstellen. Hier geht es um Gewichtshilfen, um das Gleichgewicht, um Berührungen, die dem Pferd am Ende sagen, was es tun soll. Doch die akustische Sprache bleibt gleich. Diese können wir wunderbar mit in den Sattel transportieren. Aus diesem Grund ist es sinnvoll, die drei Kommunikationswege bewusst zu schulen und anzuwenden. Es unterstützt das Pferd und schafft tiefes Vertrauen.

Sie sehen, als Glücksschmied werden Sie schon in die Verantwortung genommen, auch an sich selbst zu arbeiten. Eine aufgeräumte, eindeutige Sprache einzuführen, bedeutet, eine Sprachhygiene zu haben. So schmieden Sie Ihr eigenes Glück und auch das Ihres Gegenübers.

### AUS DER PRAXIS

Anja sagte, sie sei schon lange im Dressursport unterwegs, wolle nun aber nur noch im Freizeitbereich reiten. An der Seite der schlanken, konzentriert wirkenden Frau stand ein zweijähriger Schecke. Na ja – er stand nicht wirklich, vielmehr zappelte er, tapste nach ihren Füßen, schleuderte mit dem Kopf in ihre Richtung und schlug nervös mit dem Schweif.

Anja wolle Johnboy nun von der Pike auf selbst ausbilden und er sei als Quarter-Mix für ihre Bedürfnisse genau passend. Rums, da schubste er sie einfach weg. Jedes Mal, wenn er in ihre Richtung schritt, wich sie aus. Sie brachte sich und ihre Füße in Sicherheit, indem sie Raum gab. Sie merkte nicht, dass sie die ganze Zeit mit ihrem Pferd kommunizierte. Sie merkte nicht, dass sie Johnboy permanent dazu anregte, auf ihre Eisscholle zu krabbeln, denn immer, wenn er sie aus ihrem Tanzbereich trieb, tätschelte sie „beruhigend" seinen Hals mit den Worten: „Ist ja schon gut".

Nein, gut war da gerade gar nichts. Anja braute mit ihrem Verhalten ein Missverständnis zusammen, welches für den Rest

*Das Prinzip Herde besteht aus Richtung, Raum und Regulativ.*

ihrer Beziehung, vielleicht sogar für den Rest seines Lebens, eine absolut toxische Wirkung hatte. Dieses zweijährige Pferd bat sie inständig darum, sein Regulativ zu sein, seine räumliche Grenze, seine emotionale Richtung. Pferde tun das, alle jungen Pferde tun das. Sie müssen diese Grenzen ausprobieren.

*Das Raum fordern bedient ebenso wie das Raum geben ...*

## Gesetze der Sicherheit

Das Verhalten von Johnboy beruht auf dem Prinzip Herde: Die räumliche Sprache, das Beschreiben und Abgrenzen des individuellen Tanzbereichs und natürlich auch das ständige Überprüfen von Grenzen, die jedem Individuum Sicherheit und Schutz geben. Das Pferd fragte seinen Menschen nach den Gesetzen der Herde, den Gesetzen der Sicherheit. Der Mensch antwortete stets: „Die kenne ich nicht, die gibt es nicht." Mit ihrem Tun vermittelte die Besitzerin dem jungen Wallach ungewollt, dass sie es gut fand, wenn er übergriffig war. Jedes Mal gab sie ihm mehr Raum, meinte, ihn beruhigen zu müssen, dabei war gar nicht er aufgeregt, sondern sie. Die „beruhigenden" Worte wirkten als positives Verstärken einer unerwünschten Handlung. Das Pferd bekam von seinem pferderfahrenen Menschen keine adäquaten Antworten auf seine Fragen. Es konnte sie nicht verstehen und sie konnte aus ihren alten Gewohnheiten nicht ausbrechen und sich nicht für seine Antworten öffnen.

*... die artgerechten Kommunikationswege der Herdentiere.*

Die räumliche Sprache hat nichts mit ständigem Wegtreiben und Dominieren zu tun. Sie ist die Basis für ein friedvolles Miteinander innerhalb einer Gruppe, einer Herde oder einem Rudel. Das ist für alle gleich. Und es ist leicht, das zu erlernen und zu durchschauen.

### Die Räume

Wir arbeiteten also am Raum halten und Raum fordern (Seite 44). Anja lernte, ihren Standort, ihre Eisscholle zu verteidigen, nicht wegzugehen, wenn ihr Pferd es forderte. Es brauchte in der Tat psychische Kraft, um alte Gewohnheiten zu überwinden.
Jedes Mal, wenn der hübsche Schecke in ihren Raum drängte, sagte sie das „Na" und wehrte ihn mit einer Bewegung in seinen Tanzbereich ab. Es benötigte einige Wiederholungen, bis er vorsichtiger wurde, das „Na" als Warnung ausreichte und er hinter ihrer imaginären Grenze blieb. Sowie sie das schaffte, ging es um das Raum fordern und Raum geben: Anja steuerte ihre Bewegung nun auf seine Vorderfüße zu und forderte mehr Raum – oder sie steuerte von ihm weg, ließ ihn um sich herumgehen und gab ihm Raum. Sie erkannte, dass Ihr Pferd nur drohte, wenn er nicht verstand, nicht respektieren konnte, was sie forderte. Wir entschleunigten den Dialog, definierten die Ziele kleiner und waren schneller zufrieden. Auf diese Weise erlernte sie, ihren Boden, ihren Standpunkt im wahrsten Sinne des Wortes zu halten und freundlich, aber bestimmt Raum und Zeit zu bedienen.

### Das übergriffige Pferd

Johnboy ließ sich auf das Komfortzonentraining bedingt ein. Schnell nutzte er es, um wieder übergriffig zu werden. Er drohte zu beißen auf der einen Seite und Raum zu fordern auf der anderen. Wir definierten einen Radius, etwa wie ein Hula-Hoop-Reifen um ihren Körper, in den das Pferd nicht hineindurfte. Es musste lernen, sich an ihren Rangierabstand zu halten. Diese körperliche Distanz schuf Raum für eine emotionale Nähe. Sie versetzte den Menschen in die Lage, Raum zu fordern und Anja tat dies, anstatt auszuweichen und Johnboy unwillentlich für Übergriffigkeiten zu loben. Das Pferd verstand bald, was es sollte, und ließ sich großartig darauf ein. Spannend war, dass immer mehr Maulaktivität zu beobachten war, das Pferd den Hals fallen ließ und seiner Besitzerin zunehmend Komplimente machte.

---

### RANDNOTIZEN: JOHNBOY UND ANJA

**Das Team**
Johnboy, Quarter Mix, Wallach, 2 Jahre
Anja, ehemalige Dressurreiterin

**Ausdrucksverhalten**
Aktiver Körper, Schweif und Kopfschlagen, drohendes Auge, Raum fordernde Bewegungsintention

**Funktionskreise/Räumliche Sprache**
- Hauptsächlich Drängen/Bedrängen
- Distanzlos nach innen und außen
- Keine spezielle Orientierung in eine Himmelsrichtung

**Der Trainingsweg**
- Ausdrucksverhalten des Pferdes einlesen und adäquat darauf reagieren
- Ruhe in die Abläufe bringen
- Störbarkeit sensibilisieren
- Ansprechbarkeit und Lobbarkeit verbessern
- Raumorganisation: Raum halten, Raum fordern, Raum geben, Orientierung innerhalb des Raumes erhalten. Dem Pferd helfen, eine räumliche Sicherheit zu bekommen.
- Dem Training einen sicheren Rahmen und Raum geben, für Ruhe und Konzentration.

---

*Harmonie entsteht, wenn Räume eingehalten werden und die Kommunikation eindeutig ist.*

## KLARHEIT FINDEN

Pferde kommunizieren ununterbrochen. Sie lesen ihren Menschen immer, und sie haben immer einen Plan bereit.
Wenn Sie sich selbst nicht sicher sind, ob Sie vielleicht einen ähnlichen Fehler machen wie die Besitzerin des jungen Schecken, dann lassen Sie sich doch einmal mit dem Handy filmen. Schauen Sie sich das Video in Ruhe an und überprüfen Sie Tempo, Freundlichkeit und Klarheit Ihrer eigenen Bewegungsintention. Beurteilen Sie die darauf erhaltenen Antworten Ihres Pferdes. Von außen ist es immer leicht zu erkennen – steht man aber mittendrin, bemerkt man manchmal diese kleinen Fehler nicht.
Die Kommunikationswege sind überschaubar. Entscheidend ist das Ranking, und hier gibt es eine Verschiebung bei Mensch und Pferd: Auch wir sollten die räumliche Sprache ganz oben platzieren, dann folgt die leibliche. Zum Schluss benutzen wir diese beiden Kommunikationswege, um die akustische Sprache zu schulen, denn diese können wir auch mit in den Sattel nehmen. Bedienen wir die Kommunikationswege korrekt, dann können unsere Pferde uns verstehen. Und aus Verstehen wächst schlussendlich Vertrauen. Da wollen wir hin!

# DIE RÄUMLICHE SPRACHE

## DIE MAGIE DER HERDE

Als Tierwirtschaftsmeisterin habe ich bereits viele Herden unterschiedlicher Gattungen beobachtet, bewundert und studiert. Die Faszination Herde (oder auch eines Schwarms) hat auf mich eine absolut fesselnde Wirkung. Das mag Ihnen ähnlich gehen, wenn Sie die Dülmener Wildpferde, die Herden in der Serengeti, die Wildgänse am Himmel sehen. Dem System der Herde auf der Spur, mit dem Willen, die räumliche Sprache der Tiere zu entschlüsseln, habe ich gelernt zu beobachten, hinzuschauen und einen Überblick zu entwickeln.
Die räumliche Sprache der Tiere bedient die Symbiose aus Dominanz und Kompromissbereitschaft. Sie rüstet jedes Individuum mit einem eigenen Tanzbereich aus, mit der Fähigkeit, diesen zu verteidigen und der Bereitschaft, die Verteidigung des anderen zu akzeptieren. So kann Nähe und Distanz jederzeit reguliert werden, auch in schwierigen Situationen, unter Stress oder in Höchstgeschwindigkeit.
Im Tierreich ist Dominanz keine Einbahnstraße, sondern ein bewegliches Gefüge. Eine Herde als immerzu bewegliches Überlebensprinzip kann unbewegliche Regeln nicht ertragen. Sie würden das einzigartige System, das aus Bindung, Respekt und Vertrauen besteht, zerstören. Widmen wir uns nun also der Kunst der Pferde, Räume zu bedienen.

*»Das Ganze ist mehr als die Summe seiner Teile.«*

*Aristoteles*

*Das System Herde ist ein strukturiertes, ganzheitliches und erfolgreiches Überlebensprinzip der Natur.*

## SICHERES AUSSEN, AKTIVES INNEN

In dieser Unterrichtseinheit lernte ich, wie Pferde die räumliche Sprache aufbauen. Es war eine der wertvollsten und intensivsten Unterrichtseinheiten meines Lebens. Meine Mentorin war eine vierjährige dressurgeprägte Stute, die ihr erstes Fohlen in unsere Hände gebar. Schon der Moment der Geburt war mitreißend und berührend zugleich. Daily Pleasure, unsere Stute, war durch unser Bindungstraining sehr mit uns vertraut. Sie schien auf uns zu warten und begann mit der Geburt, als wir alle bei ihr waren. Wir dachten, wir müssten uns irgendwo verstecken, doch sie kam zu mir, drückte ihren Kopf gegen meinen Bauch und nahm mich mit in diesen so intimen Moment. Hierzu erzähle ich Ihnen mehr im Kapitel über die Bindung (Seite 90). Gleich nach der Geburt beobachteten wir beeindruckt, wie vorsichtig Daily ihre riesengroßen Hufe aufsetzte, wie gut sie den Raum ihrer sehr großen Box organisierte, wie klar sie zu 100 Prozent ihrem Fohlen Just Magic (genannt Jupp) zugewandt war. Am folgenden Tag kam der erste Ausflug. Direkt aus ihrer Box konnte sie in einen Paddock gehen, und von dort aus auf eine sehr große Weide. Angrenzend waren weitere Weiden, auf denen unsere Wallache liefen.

**011** Zum Film: Räumliche Kommunikation

Zunächst wirkte es, als würde das Fohlen die Stute begleiten, doch dann wurde uns klar, dass sie ihren Sohn begleitete: Juppi gab die Bewegungsrichtung vor, Daily war sein Bodyguard. Sie überschaute den Raum, schirmte seinen kleinen Körper mit ihrem ab und schob sich zwischen ihn und die anderen Pferde. Sie dominierte den Raum und beeinflusste moderat seine Richtung, begann ihn behutsam zu lenken und so zu manipulieren, dass er in einem sicheren Raum blieb. Jupp bestimmte das Tempo, und die Bewegungsintention nach vorn wurde zu keinem Zeitpunkt gestoppt. Die Stute hielt ihn nicht fest, sie blockierte ihn nicht, sie schützte ihn mit ihrem Körper. Sie war sein „Außen". So waren es zwei Ziele, die sie bei ihrem Fohlen verfolgte: Bindungsaufbau und Schutz – sonst nichts. Sie bot ihm das, was wir „Zuhause" nennen. Das Begrenzen der Heimat war die erste Aufgabe der Mutterstute, um dem Fohlen den Weg zu ihr nach Hause zu zeigen. Mir wurde in diesem Moment klar, dass ich, wenn ich das Zuhause meiner Tiere sein möchte, in der Lage sein muss, ihnen die Grenze ihrer Heimat zu zeigen, und innen drin das Zuhause, mit allem Genuss, Komfort, Sicherheit und Schutz. Ich muss die räumliche Sprache erlernen, ihnen ein sicheres Außen geben und innen drin Bindung aufbauen. Nur dann werde ich mit den Tieren meine Ziele erreichen können.

*Mittendrin im tierischen Dialog bedeutet pures Glück.*

*Ein an den Hilfen stehendes Pferd erfährt durch den Reiter ein sicheres Außen und aktivierendes Innen. Das erzeugt innere Losgelassenheit.*

## DAS ZUHAUSE DES PFERDES

Wir Reiter kennen die Symbiose aus Innen und Außen, wir nennen es diagonale Hilfengebung, wenn wir mit dem inneren Schenkel zum äußeren Zügel treiben. In der Tat sind es die äußeren Hilfen, mit denen wir das Pferd auf der gewünschten Linie halten, das Tempo beeinflussen, den Rahmen geben und halten. Die inneren Hilfen dienen der Aktivität, der Biegung und der Losgelassenheit. Fakt ist: Wenn ein Pferd so ausgebildet ist, lässt es innerlich los, ist lenkbar und zufrieden. Hier liegt es nahe, den Vergleich von Innen und Außen zu Ende zu denken: Der ausbalancierte Reiter, der seinem Pferd ein sicheres Außen und aktivierendes Innen gibt, kann dem Pferd ebenso ein Zuhause sein.

## DIE ROUTE DER FREIHEIT

Auch in der Freiarbeit geht es in der ersten Zeit darum, dem Pferd den Weg nach innen zu zeigen, die Zuwendung zu erwirken und das Außen später auch unsichtbar gestalten zu können. Lasse ich ein junges Pferd einfach in der Halle laufen, wird es sich den Raum so organisieren, dass es den Weg zur Bande, zur äußeren Begrenzung sucht, und bald mit maximalem Abstand zu mir an der äußersten Grenze entlangläuft. Je mehr Druck ich von innen mache, umso schneller läuft es und hält diesen Abstand konsequent. Wenn ich es wenden möchte, um die Laufrichtung zu wechseln, dreht es sich meist nach außen, d. h. es wendet mir die Kruppe zu und dreht sich mit dem Kopf nach außen weg.

In der Freiarbeit wollen wir aber, dass das Pferd mit dem Kopf nach innen dreht, also dem Menschen zugewandt ist, nicht an die äußere Begrenzung läuft, sondern innen am Menschen haftet. Wenn ich in der Freiarbeit dem Pferd ein Zuhause sein möchte, dann geht das über das Komfortzonentraining, das Training der Ansprechbarkeit, über das Zuwenden und Begrenzen. Nur so kann das Pferd lernen, die erwünschte Route zu berechnen. Dieses Thema intensivieren wir ab Seite 170.

Daily dominierte still, nicht streng, sie verwaltete den Raum, damit Jupp in Sicherheit war. Sie erklärte das Spurhalten über den Faktor Schutz und die Intention der Brutpflege. Das sichere Außen und das liebevolle Innen erzeugt in der Natur also Bindung und Halt. Dies ist für mich Ansporn genug, dieses System in jedem Bereich des Umgangs mit den Pferden umzusetzen.

## DEN RICHTIGEN WEG FINDEN

Stellen wir uns vor, das Pferd würde durch unsere Fragestellung an einer Kreuzung stehen und drei Möglichkeiten haben, seine Route fortzusetzen: rechts, links oder geradeaus. Wie kann es den richtigen Weg finden? Pferde berechnen Fluchtwege, Auswege oder Routen, die zu ihrem Ziel führen. Das können sie in Höchstgeschwindigkeit. Sie berechnen den Raum zu ihrem Gegenüber und wissen die Ausmaße ihres Körpers exakt einzuschätzen. Der Weg, der schon einmal erfolgreich war, wird wiedergewählt. So entsteht ein Lernmuster.

Arbeite ich mit einem Pferd am Boden, sollte meine Intention nicht das Dominieren sein, sondern eher das Einüben von Lösungswegen. Nehmen wir das Raumfordern: Ich wünsche mir, dass mein Pferd mir rückwärts-seitwärts ausweicht, wenn ich auf seine Schulter zugehe. Warum sollte es sich nicht einfach den Weg nach vorn aufstoßen, sich nach hinten entziehen oder gar gegen mich drücken? In der Lernphase kann es sein, dass mein Pferd all diese Fragen stellt. Hier sollte ich in der Lage sein, die jeweiligen Türen zu schließen und es ruhig und kleinschrittig den richtigen Abzweig an der Kreuzung finden lassen.

Wir wiederholen diese Übung immer wieder, nicht um das Pferd zu unterwerfen, sondern um ihm diesen Lösungsweg als naheliegende erste Priorität anzubieten. Pferde, die bereits gelernt haben, sich freizustoßen oder zu entziehen, haben eben auch andere Lösungswege parat. Das sind dann bereits ausgefahrene Routen, in die sie immer wieder hineinschliddern können, es sind falsche Lernmuster. Das Ziel einer gelungenen Ausbildung ist, dass der Mensch Überblick über den zur Verfügung stehenden Raum hat und diesen bedienen kann, und dass das Pferd lernt, die richtige räumliche Lösung zu finden.

**012**
Zum Film:
Das Führen

*Durch den Namen und die eindeutige Körpersprache …*

*… kann ich meinem Pferd eine klare räumliche Orientierung …*

*… in die von mir gewünschte Lösung bieten.*

### ZWEI ZU EINS FÜR DAS PFERD

Ebenso ist es beim Raum geben und Zuwenden immer das Ziel, dass das Pferd lernt, mich zu fokussieren und eher den Weg nach innen als nach außen zu wählen. So arbeite ich das Raumfordern immer in der Relation 2 zu 1. Ich werde doppelt so viel Raum geben, wie ich Raum fordere, lasse das Pferd erst folgen, dann weichen, um wieder zu folgen. Dann erst bin ich in der Lage, den Führstrick zu lösen und den Raum mit meinem Pferd bedienen zu können.
Ich werde das Zuhause meines Pferdes, wenn die Ansprechbarkeit und die Lobbarkeit gut gearbeitet sind, wenn ich das Pferd stören, also unterbrechen und wieder orientieren kann, und wenn ich den Raum bedienen kann (Abgrenzbarkeit). Sie sehen, wir sind schon wieder bei den vier Werkzeugen gelandet.

## DER RAUM UND DIE SPUR

Nun ist Jupp siebenMonate alt, ein Halbstarker, der jeden Tag unterrichtet werden möchte und Antworten auf seine Fragen zur räumlichen Sprache benötigt. Dazu braucht er Lehrer. Diese sollten liebevoll, geduldig und klar sein – und viel Zeit haben. Bei uns werden die Fohlen von unseren Wallachen und unserem Ponyhengst erzogen. Das zu beobachten ist wie ein Langzeitstudium. Hier gibt es keine rabiaten Übergriffe, das würde die Gesundheit des Individuums bedrohen. Hier wird gespielt, getrieben, liebkost. Und dann geht es wieder von vorn los. Während die erwachsenen Pferde das Treiben üben, befinden sie sich an der Schulter-Position von Jupp und fordern ihn auf, immer wieder auszuweichen. Sie wenden ihn in die Richtung, in der sie ihn haben wollen, und dann nehmen sie Abstand zu ihm und lassen ihn die Lücke schließen. Sie geben Raum. Dem können ein liebevolles Beknabbern (soziale Fellpflege) oder ein körperbezogenes, unterlegenes Spiel folgen. Dabei kann der Erziehungsberechtigte dem Jungspund ebenso ausweichen und ihm Platz machen, so, wie er ihn zuvor gefordert hat. Es wird auf pferdisch die ganze Zeit über Räume gesprochen, über das Halten, das Geben und Fordern von Raum. Diese räumliche Sprache ist Schutz, Sicherheit und somit auch Vertrauen.
Für die Symbiose zwischen Mensch und Pferd bedeutet das: Wir sollten lernen, Raum zu halten, Raum zu geben und Raum zu fordern. Die führende Position ist an der Schulter. Von dort aus können wir den Kopf und den Hals unseres vierbeinigen Partners sehen und erlesen: Wir treiben also. Zu Beginn brauchen wir ein sicheres Außen, das ist zum Beispiel eine Bande, eine Wand. Die Bewegungsrichtung ist erst einmal geradeaus, ein Vorwärts. Da wir im Vergleich zum Pferd zu unbeweglich, zu langsam und körperlich auch zu schwach sind, um wirklich den Raum eingrenzen zu können, nutzen wir technische Hilfen, das sind Wände, Halfter und Stricke. Daily konnte das alles ohne Hilfsmittel, denn sie ist ihrem Fohlen körperlich überlegen.

**013**
Zum Film: Fairtrade, der Streitschlichter

*Raum zu fordern bringt Respekt und Vertrauen in Einklang.*

## ☞ KÖRPERSCHULE MENSCH

Achten wir Menschen auf unser eigenes Ausdrucksverhalten, stellen wir häufig fest, dass wir nicht so eindeutig rüberkommen, wie wir es denken. Die Körperschule Mensch hilft uns, über unser Auftreten und unsere Wirkung zu reflektieren und uns klarer „auszudrücken", um Missverstehen vorzubeugen. Es ist sinnvoll, die eigene räumliche und leibliche Signalgebung wie sichere „moves" in der Tanzschule zu erarbeiten.

*Das Ausdrucksverhalten des Menschen sollte weich, freundlich und entspannt sein. Es ist wichtig, die eigene Gestik und Mimik zu überprüfen.*

*Mit dem Signal „Und an" fordern wir das Pferd auf, loszugehen und halten dabei mit einem weichem Körper die Position an seiner Schulter.*

*Pferde spiegeln uns Menschen. Es ist also wichtig, was wir in den Spiegel hineinwerfen. Ein einladendes Auftreten erzeugt ein zugewandtes Pferd.*

*Im Lobverhalten ist es sinnvoll, das Lob ernst zu meinen und als echte Würdigung zu transportieren. Glaubhaftigkeit kommt bei Pferden gut an.*

*Aus dem Wenden, das die Pferde beim Führen lernen, entwickeln wir das Abrufen. Dabei deuten wir das Wenden an und …*

*… erzeugen damit die Zuwendung. Mit einem weichen und einladenden Körper bieten wir dem Pferd einen „Landeplatz" an, um es ausgiebig zu loben.*

*Klappt es zuverlässig, können wir nach und nach die Distanz erhöhen. Aufgrund unserer Sprachhygiene ist die Lösung für das Pferd eindeutig.*

*„Loben, bis das Lob wirkt" sollte immer unser Credo sein. Denn damit erreichen wir, dass wir das sichere Zuhause unserer Pferde sind.*

*Jupp, ein junges Pferd voller Tatendrang, Intelligenz und Lebensfreude. Um gesund groß zu werden, braucht er ein liebevolles Regulativ.*

## DIE RÄUMLICHE VERÄNDERUNG

Jupp ist voller Fragen. Und diese Fragen entspringen immer demselben Funktionskreis: Drängen/Bedrängen (Seite 30) ist sein Lebensmotor. Diese Fragen könnte man zu einer zusammenfassen, die da heißt: „Kann ich schon mal…?" Dich beißen, deinen Raum haben, dich wegdrängen, dein Futter fressen, dich zum Kuscheln motivieren usw. Äußerlich sehen diese Fragen aus wie ein Drängen. Denken Sie an den Schecken von Seite 55. Solche Fragen gehen immer mit einer räumlichen Veränderung einher, mit einer Bewegung in den Tanzbereich eines anderen. Drängen/Bedrängen ist lebensnotwendig und richtig. Es braucht nur ein Regulativ.

### AKTIVIERUNGS- UND ABWEHRZONEN

Als Pferd scheint es leicht zu sein, dem zu begegnen. Als Mensch braucht man etwas Überblick. Beginnen wir mit den Kreislinien, die jedes Individuum um sich hat: Einen großen Kreis, das ist die Aktivierungszone, und einen engen Kreis, das ist die Abwehrzone. Betritt ein anderes Individuum die Aktivierungszone, dann heißt das nur, dass es zu einer Wahrnehmung, einer undefinierten Reaktion kommt. Betritt derjenige die Abwehrzone, dann reagiert das vegetative Nervensystem und das angeborene Abwehrverhalten wird angeregt. Das kennen Sie von sich selbst: Wenn Ihnen jemand oder etwas zu nah kommt, stockt der Atem, der Mund schließt sich, der Lidschlag bleibt aus, der Körper erzeugt eine Spannung. Genau dieses Ausdrucksverhalten können Sie bei Ihrem Pferd dann auch wahrnehmen.

#### Geometrische Muster

Nun beginnen wir, diese Zonen nach geometrischen Mustern zu bedienen. Erspüren Sie die einzelnen Zonen Ihres Pferdes durch Beobachten. Nähern Sie sich Ihrem Pferd langsam und entspannt und schauen Sie genau hin, wie es reagiert, ab welcher Distanz es ein Ohr zu Ihnen richtet, Lidschlag hat, sich zuwendet. Hier sind wir in der Aktivierungszone. Und dann kommen Sie noch näher. Jetzt ist es entscheidend, ob Sie sich Ihrem Pferd frontal oder seitwärts nähern, schnell oder langsam. Kommen Sie langsam von der Seite, dann wird Ihr Pferd vermutlich sehr lange sehr entspannt sein, denn es kann über das abgewandte Auge immer einen Fluchtweg berechnen. Kommen Sie spontan frontal auf Ihr Pferd zu, wird es möglicherweise die Luft anhalten, den Lidschlag aussetzen und den Kopf hochnehmen. Hier kann das Pferd nicht so schnell einen Fluchtweg entdecken, denn der würde räumlich im toten Winkel hinter ihm liegen. Frontalstellung unter Tieren (unter Menschen ebenso) führt schnell zu einer Auseinandersetzung. Wenn Sie also keinen Streit suchen, dann bleiben Sie ruhig und freundlich an der Schulter Ihres Pferdes und stellen Ihre Fragen adäquat. Dann werden Sie auch freundliche Antworten Ihres Pferdes bekommen.

Überblicken Sie den Raum, in dem Sie sich mit Ihrem Pferd bewegen wollen. Schaffen Sie eine gute Lernatmosphäre, arbeiten Sie langsam. Und wenn es nicht gleich auf Anhieb klappt, dann werden Sie noch ruhiger und langsamer und beobachten exakt die räumliche Veränderung Ihres Pferdes. Loben Sie jeden kleinen Schritt in die richtige Richtung und gönnen Sie auch sich selbst immer wieder kurze Pausen. Erarbeiten Sie auch die Winkel, aus denen Sie sich dem Pferd nähern und mit denen Sie auch wieder Distanz zu Ihrem Pferd aufbauen können. Stellen Sie direkte Fragen, räumlich gesehen geradegerichtete, dann gleicht Ihre Bewegungsintention einer Bewegung auf der radialen Linie. Das ist die Linie, die von Ihnen direkt zum Pferd führt. Diese Bewegung, sollte sie aus der Frontalstellung kommen, kann wie beschrieben schnell das körpereigene Alarmsystem neurobiologisch antriggern. Bewegen Sie sich aus einem 45-Grad-Winkel auf Ihr Pferd zu, dann werden Sie unweigerlich in die Schulterposition Ihres vierbeinigen Partners kommen und ihm somit die Möglichkeit geben, über das abgewandte Auge den offenen Raum, die offene Tür, die Lösung zu finden. Bewegen Sie sich auf einem 90-Grad-Winkel, dann vergrößern Sie die Distanz zu Ihrem Pferd. Das kann wie ein Raum geben gesehen werden und möglicherweise bei traumatisierten Pferden die Situation sofort entspannen, da die Distanz sich vergrößert. Es kann aber auch dazu führen, dass Sie Ihr Pferd zum Nachfolgen anregen.

Sie sehen, Ihr Umgang mit dem Raum, Ihr Überblick über die Positionen zueinander ist entscheidend, ob Sie den Dialog für Ihr Pferd verständlich oder unklar führen. Ertasten Sie vorsichtig und bewusst die Distanzen und Räume, fordern und geben Sie Raum gleichermaßen und helfen Sie Ihrem Pferd, Sie als berechenbar und eindeutig wahr zu nehmen.

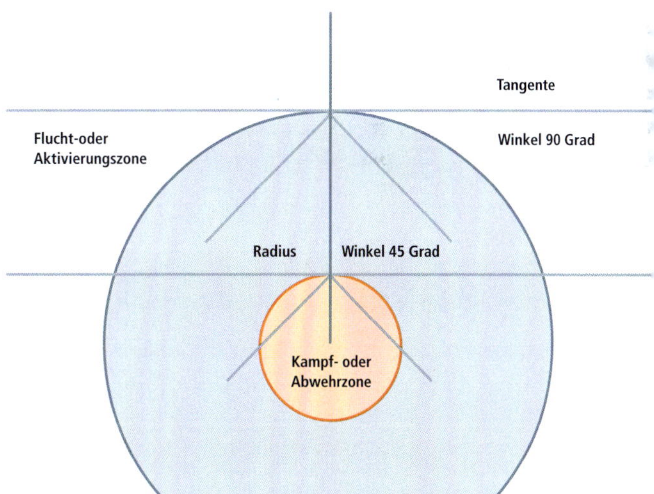


*Durchschauen wir die geometrischen Strukturen des Dialogs, behalten wir immer den Überblick. Die Dialogführung ist freundlich und fein.*

# DIE KÖRPERLICHE, LEIBLICHE SPRACHE

## PFERDE LESEN BESSER

Die Vision vom harmonischen Leben mit dem Pferd verliert manchmal an Realität, wenn es zu Konflikten kommt. Diese Konflikte sind häufig Folge von Missverständnissen, welche wiederum durch Überforderung oder auch Ungleichgewicht innerhalb einer Beziehung erwachsen können. Und glauben Sie mir, solche Konflikte kommen in den besten Familien vor. Spätestens dann ist es sinnvoll, sich durch einen Coach Unterstützung zu holen.

### AUS DER PRAXIS

Sie schmiss ihren Ranzen in die Ecke, setzte sich auf ihr Rad und fuhr zu Socke. Sie ahnen, dass Socke ihr Pferd ist, ein fünfjähriger Warmblüter, der es faustdick hinter den Ohren hatte. Luca ist ein Pferdemädchen aus Leidenschaft. Sie wollte immer zu den Pferden, die gaben ihr Halt und Sicherheit. So empfand sie es, wenn es gut lief – aber wenn es nicht gut lief, dann machte sich Verzweiflung breit.

*„Versteh mich doch!" Wer wünscht sich das nicht in einer Partnerschaft?*

Socke wollte es wissen. Er stellte seine Fragen, nur Fragen, die sich auf ihn bezogen: mehr Raum, mehr Futter, mehr Regulativ. Er fragte nicht, wie es in der Schule war oder was Luca bedrückte, wenn sie traurig wirkte. Und wenn sie es ihm erzählen wollte, dann hörte er auch gar nicht zu, sondern fragte eben immer dieselben Fragen, die junge Pferde nun mal stellen. Luca war noch nicht geschult im Lesen des Ausdrucksverhaltens ihres Pferdes, spürte aber schnell, dass da etwas nicht stimmte, dass es schwierig wurde, dass sie manchmal sogar etwas in Not kam.

Socke konnte lesen – und las sie ununterbrochen. Er nahm alles wahr, jede Schwachstelle, jede Chance, seinen Raum zu vergrößern. Das ärgerte Luca, ohne es genau definieren zu können. Ihre Körperspannung wurde unnachgiebiger, ihre Abwehrbewegungen kamen ohne Warnung und auf Kraulen und Lobsituationen hatte sie bald selbst keine Lust mehr. Mit gerade mal 16 Jahren kann man einfach noch nicht den kompletten Überblick über den Dialog mit einem anderen Wesen haben, den Überblick über die Körperspannung, die Wirkung und daraus resultierende Wechselwirkung. Manch einer hat diesen Überblick mit 60 Jahren noch nicht.

#### Der Unterricht beginnt

„Na, lass das!" – Er schubste sie fast um. „Hey Socke, nun komm schon." – Er riss am Halfter weg und wollte grasen gehen, ob Luca mitwollte, war ihm egal.

*Jedes Coaching beginnt mit Komfortzonentraining. Das entspannt beide Seiten und schafft eine positive Grundlage.*

Wir schufen uns ein Klassenzimmer, einen reizarmen Raum, und begannen gemeinsam. Ich bat Luca: „Versuch deinen Körper zu entspannen, lass die Schultern fallen und entlaste ein Bein, wenn du neben ihm stehst." Socke beäugte unsere Übung. „Und nun beginne ihn zu kraulen." In der einen Hand hielt Luca den Strick recht kurz, um mit der Hand und dem Unterarm eine Art Sicherheitsbrücke zu ihrem Körper zu bilden. So konnte sie dafür sorgen, dass Socke nicht ständig in ihren Radius drängte und sie in Ruhe an der Lobbarkeit arbeiten konnte. Mit der anderen Hand kraulte sie seinen Mähnenkamm, während er auf dem Hufschlag an der Bande stand. Kaum dass sie damit begann, versuchte er, sie mit der Nase wegzuschubsen. „Halte deinen Raum, bleib entspannt und treib ihn mit einem ‚Na' und einer leichten Abwehrbewegung aus deinem Tanzbereich," riet ich ihr. Luca schaffte es unfassbar schnell, ihre eigene Wut über sein Verhalten in den Griff zu bekommen. Sie war sehr reaktionsschnell und bei sich, ein klarer junger Mensch, der ein klares großes Ziel vor Augen hatte. „Ich will dein Freund sein!"

### Die böse Hexe

Luca lernte, dem Drohverhalten ihres Pubertätsmoglers nicht mit Drohverhalten zu begegnen. Sie organisierte die Räume und verstand, wie sie ihren Körper für das Pferd freundlich und eindeutig benutzen konnte. Würde sie mit Wut reagieren, dann könnte sie nicht Sockes Zuhause werden, dann wäre sie wie die Hexe aus Hänsel und Gretel im Zuckerkuchenhaus. Sie wollte aber sein Freund sein – also lernte sie, freundlich zu bleiben. Wir arbeiteten weiter: „Bitte beginne nun, etwas Raum zu fordern, bewege dich entspannt genau auf sein Buggelenk zu." Socke nahm den Kopf hoch und versuchte, sich frontal vor das Mädchen zu stellen. „Bleib ganz ruhig in der Schulter und begrenze ihn mit dem Strick stabil nach vorne. Und nun nimmst du den Knauf deiner Gerte und zeigst damit auf den Atlas, das ist der erste Halswirbel hinter den Ohren." Sie war echt geschickt und konnte alles sofort umsetzen. Aber Socke nahm den Kopf noch höher und drohte mit der Wulst über dem Auge von oben runter, als wolle

*Das freundliche, aber klare und eindeutige …*

*… Fordern von Raum kann auf Abwehr stoßen.*

*Ein kleinschrittiges, entspanntes Weiterfragen erzeugt die Lösung.*

er sagen: „Das nächste Mal, wenn ich da hinschaue, bist du da weg!" „Geh ganz ruhig immer weiter auf seine Schulter zu. Bedroh ihn nicht, frag freundlich, frag weiter." Luca unterdrückte den Kloß im Hals, denn sie spürte, dass ihre Frage ihrem Pferd nicht behagte. Noch wusste sie nicht, wie wichtig diese freundliche und eindeutige Fragestellung an ihr Pferd war. Viel lieber hätte sie fröhliche Fragen gestellt. Viel lieber hätte sie Raum gegeben, um keinen Streit zu bekommen. „Halt durch, frag langsam weiter und bleib in der Schulter." Und da, Socke ging einen Schritt rückwärts-seitwärts und gab nach. „Anhalten", bat ich sie, „lob ihn ganz in Ruhe und ausgiebig". Luca fiel ein Stein vom Herzen, als sie wahrnahm, dass Socke im Lob zu kauen begann. „Gut gemacht, ihr zwei!"

### Jede Schnalle ein Lob

Luca lernte schnell. Socke auch. Es gab kleine Rituale zwischen den beiden, die das Miteinander versüßten. So wurde das bis dato schwierige Auftrensen in einem gesicherten Raum gearbeitet. Jeder Handgriff wurde geübt. Luca fügte Lobrituale ein und begann mit dem Loben nach jeder Schnalle, die sie an ihrem Pferd anbrachte. Im Gegenzug verstand Socke, dass er am Anbindeplatz einfach ruhig stehen bleiben und nicht mit seiner vorgelagerten Wut die ganze Stallgasse aufmischen sollte. Jedes Mal, wenn er scharren wollte, sagte Luca leise „nein", danach schritt sie mit aufgespannter Achse kurz in seinen Tanzbereich, bis er wieder ruhig stand. Dann nahm sie bewusst die Spannung aus ihrem Körper und ging wieder zurück auf die ursprüngliche Distanz.

Socke begann Luca zu trauen, mehr noch, er begann sie zu respektieren. Bislang hatte er sie gerade mal geduldet. Luca begann sich immer mehr auf ihr Pferd zu freuen, weil sie merkte, dass er ihr zuhörte. Und wenn sie nun ihren Ranzen in die Ecke

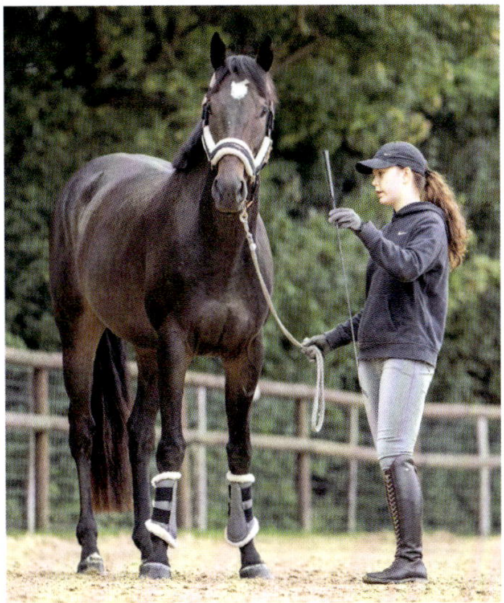

*Zu lernen, deeskalierend, freundlich und klar zu kommunizieren …*

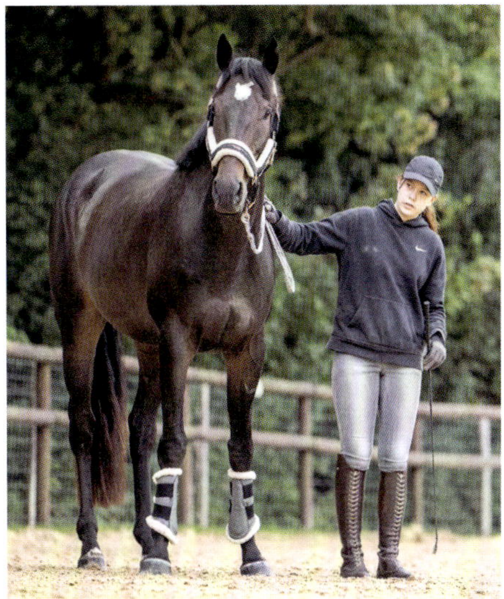

*… ist ein Gewinn. Nicht nur für die Beziehung zum Pferd.*

**RANDNOTIZEN:**
**SOCKE UND LUCA**

**Das Team**
Socke, Warmblut, Wallach, 5 Jahre
Luca, Pferdemädchen, 16 Jahre

**Ausdrucksverhalten**
Geschlossenes Maul, ausbleibender Lidschlag, Oberflächenspannung, wirkt fest und hält die Luft an

**Funktionskreise/Räumliche Sprache**
- Drängen/Bedrängen
- Distanzlos im Umgang, ohne Regulativ, räumlich wie emotional

**Der Trainingsweg**
- Ausdrucksverhalten einlesen
- Sprachhygiene einführen
- Lobbarkeit und Ansprechbarkeit schulen
- Konsequent für das Einhalten der Räume sorgen
- Ruhe in den Dialog bringen, Ruhe beim Putzen einfordern, Sorgfalt im Umgang

schleuderte und auf ihr Rad stieg, dann wusste sie bereits, worüber sie mit Socke reden wollte. Und sie wusste, dass sie für seine Fragen die passenden Antworten gelernt hatte.

## FREUNDLICH FORDERN

Es ist die Kunst, freundlich auch unangenehme Fragen zu stellen, um damit eine adäquate Antwort zu bekommen. Und freundlich ist hier in jedem Fall die Körpersprache sowie die „Sprachgeschwindigkeit“. Freundlich ist die Eindeutigkeit und die Ruhe, mit der wir unseren Körper einsetzen, unaufgeregt, unaggressiv, nicht bedrohlich.
Luca ist nicht nur ein unfassbar feiner Mensch, sie hat auch Talent. Das Problem, welches wir hier vorfinden, ist, dass ein unerfahrener Mensch ein unerfahrenes Pferd ausbilden soll. Das birgt Gefahren. Wenn wir Menschen das Ausdrucksverhalten des Pferdes noch nicht erlesen können, dann steht es schnell eins zu null für das

*Gemeinsam eine Spur zu finden, erzeugt Entspannung auf beiden Seiten.*

Pferd – das kann das Ausdrucksverhalten des Menschen nämlich in Perfektion lesen. Und schon allein aus diesem Rückstand sollten wir in der Lage sein zu wissen, was wir dem Pferd so zu lesen geben wollen.

### SPRACHE INDIVIDUELL ANPASSEN

Jeder Mensch kann seine eigenen körperlichen Signale selbst und nach seinen Fähigkeiten entwickeln und festlegen. Das Einzige, was für alle gleich sein sollte, ist der innerlich losgelassene Körper, der keine Spannung, kein Drohverhalten, kein Dominanzgehabe ausstrahlen sollte. Benötige ich einmal Körperspannung als Impulsform, dann ist sie aus einem grundsätzlich entspannten Körper leichter differenzierbar.

## REGLER AM KÖRPER

Wenn Sie sich mit Ihrer Körpersprache im Umgang mit Ihrem Pferd auseinandersetzen, dann stellen Sie sich vor, dass an Ihnen verschiedene Regler angebracht sind: Jeweils einer

1. für das Tempo,
2. für die Spannung,
3. für die Bewegungsintention.

Üben Sie als Erstes, diese Regler nach unten zu regulieren. Steuern Sie Ihren Körper bewusst langsamer, weicher und vorsichtiger. Wählen Sie eine bewusste stabile Position an der Schulter Ihres Pferdes und bauen Sie von dort aus den Dialog mit Ihrem vierbeinigen Freund auf. Höher drehen kann man immer, doch das sollte dann ein bewusst gewähltes Ausdrucksverhalten sein, welches sich bei Veränderung des Pferdes sofort wieder zurückregeln lässt.

Luca lernte all das, sie nutzte ihre Begabung, ihr Talent. Und dennoch fällte sie eine Entscheidung: Sie empfand sich selbst als zu jung, zu wenig ausgebildet, um dieses ebenso junge Pferd zu schulen. Sie merkte, dass sie noch nicht reif war, ihrem Pferd ein guter Lehrer zu sein. Sie wollte erst noch selber lernen. Was für eine Größe! Sie wollte es richtig machen, merkte, dass es im echten Leben nicht so war wie bei Filmpferd Ostwind, der ein perfekt trainiertes Pferd war, um vor der Kamera das Gegenteil zu spielen. Sie entschied, Socke an jemanden zu geben, der seinen Fragen am Boden und im Sattel direkter begegnen konnte und für sich nach ihrer eigenen Schulung ein für ihr Können passendes Pferd zu suchen. Ihr Ziel vor Augen, übernahm sie mit diesem Schritt die volle Verantwortung für sich und auch für ihr Pferd.

# DIE AKUSTISCHE SPRACHE

Fassen Sie sich kurz. Einigen Sie sich mit Ihrem Pferd auf den kleinsten gemeinsamen Nenner und kommen Sie ihm nicht mit langatmigen Argumenten.
Im Ranking der Kommunikationswege stellt die akustische Kommunikation das Schlusslicht dar. Für uns ist es Nummer eins, aber davon weiß ein Tier nichts. Da aber die akustische Sprache das wertvollste Bindeglied zwischen Boden und Sattel ist, ist es sinnvoll, sich ihr sehr akribisch zu widmen. Was wollen wir dem Pferd mitteilen? Welche Signale sind für uns auch später wichtig und geben dem Pferd die nötige Orientierung?

## VOKABELHEFT FÜR PFERD UND MENSCH

Ein Vokabelheft ist genau das richtige Tool. Und wenn Sie sich nun mit den akustischen Vokabeln auseinandersetzen, dann habe ich Ihnen hier ein paar wichtige Leitlinien:

- Die Worte, die Sie benutzen, sollten Sie gern aussprechen. Sie sollten wohlklingend sein und Ihnen leicht über die Lippen gehen.
- Die Vokabeln sollten sich gut voneinander differenzieren und in der Wortmelodie unterschiedlich klingen.
- Die Begriffe sollten mindestens zweisilbig sein, denn so ist es einfacher, sie als Melodie und nicht nur als Ton zu transportieren.
- Sich reimende Worte wie „Fein“ und „Nein“ sind für das Tier irreführend, denn es weiß nie genau, woran es ist. Ist sein Verhalten nun besonders richtig oder eher nicht? Die Eindeutigkeit ist erfolgsentscheidend.
- Reduzieren Sie die Begriffe auf das absolut Notwendigste und lassen Sie Umschreibungen für dieselbe Handlung aus.

Es ist für Tiere in der Tat schwierig, sich auf unsere Lautgebung, unsere Sprache einzulassen und es ist ein Geschenk, dass sie es dennoch tun. Also bleiben Sie bei der Regel „weniger ist mehr.“
Nun gehe ich mit Ihnen einmal durch den Wortschatz meiner Tiere und gebe Ihnen direkt die leibliche und räumliche Sprache mit an die Hand. Sie wollen Glücksschmied werden, und das gelingt nur, wenn ich Sie auch in die Tricks und das Kleingeschriebene einweihe.

*Die Zuneigung eines Pferdes zu spüren, gibt unseren Herzen innere Wärme.*

## ☞ VOKABELHEFT FÜR DAS PFERD

| INTENTION | AKUSTISCH | LEIBLICH | RÄUMLICH | BEDEUTUNG |
|---|---|---|---|---|
| **Name lernen** | Fairtrade | weiche Achse | Raum geben | Orientiere dich unmittelbar in meine Richtung. |
| **Loben** | Jawohl, gut so | weicher Körper | Raum halten | Gut gemacht, entspanne dich, wir machen es uns schön. |
| **Stören** | Na | etwas Körperspannung | Raum halten/fordern | Gleich berühre ich dich. |
| | Nein, nein, nein | etwas Körperspannung | Raum halten/fordern | Verändere dich, werde achtsam. |
| **Losgehen** | Und an | in Bewegungsrichtung orientierte Achse | im Schritt in Bewegung kommen, Raum fordern und geben, denn es bedeutet jedes Mal, dass das Pferd sich in Bewegung setzen soll | Wir gehen los. |
| **Anhalten** | Und Haaaalt | innerhalb der Spur meiner Achse zum Stehen kommen | Raum in der Schulterposition halten | Wir halten an. |
| **Fuß geben** | Und Fuß | seitlich am Pferd den Fuß anfordern | das Röhrbein berühren | Hebe deinen Fuß an. |
| | Den anderen | das andere Bein antippen | Raum halten | Hebe den diagonalen Fuß an. |
| **Die Hinterhand seitwärts versetzen** | Geh rum | dem Pferd zuwenden | Raum fordern | Versetze deine Hinterhand (z.B. beim Satteln oder Putzen). |
| **An der Longe oder in der Freiheit wenden** | Und wenden | in die neue Richtung wenden und mit der Gerte die Tür vorn schließen | Raum halten bis fordern | Wende dich mir zu und wechsle die Richtung. |
| **Antraben an der Longe oder Hand** | Und Terab | entspannter Körper | auf die Kruppe gerichtete Bewegungsintention | Trabe jetzt an. |
| **Angaloppieren** | Und Galopp | entspannter Körper | auf die Kruppe orientierte Bewegungsintention | Galoppiere jetzt an. |
| **Rückwärts gehen** | Und zurück | aufgerichtet und dem Pferd zugewandt | Raum fordern | Wir gehen zurück. |
| **In den Anhänger einsteigen** | Und einsteigen | seitlich zum Pferd in den Anhänger blickend | Raum halten | Wir gehen in den Anhänger. |

## *»Sage, was Du meinst und meine, was Du sagst.«*

Alles, was Sie später noch haben wollen, ob Ablegen, Flachlegen, Hinsetzen etc., entwickeln Sie immer vor dem Hintergrund der bisherigen Signale. Überprüfen Sie sorgfältig, ob sich das neue akustische Signal ausreichend von den bereits etablierten differenziert.

### KAUDERWELSCH UND DOUBBLE-DUTSCH

Da wir Menschen so viele Begriffe und Synonyme zur Verfügung haben, neigen wir auch sehr dazu, diese zu benutzen. Wenn Sie für ein- und dieselbe Sache verschiedene Worte nehmen, Umschreibungen oder mal streng, mal lieb gemeinte Ausdrücke, dann stiften Sie im Kopf des Pferdes Verwirrung. Am Ende hört das Pferd Ihnen nicht mehr akustisch zu, sondern liest Sie nur noch. Das schmeichelt Ihnen vielleicht, weil Sie glauben, Ihr Pferd versteht alles und kann sogar Gedanken lesen. Dem ist aber nicht so. Pferde sind Meister darin, Körper zu lesen, sie können auf die kleinsten Veränderungen reagieren, bevor sie uns bewusst sind. Vielleicht kennen Sie das von sich selbst oder hören sich nach der Lektüre dieses Buches einmal im Training zu und finden sich hier wieder: Da steht man in der Mitte des Zirkels und longiert sein Pferd. „Und Terab“, sagen Sie, dem folgt ein „Na komm, Trab“, dann kommt ein Schnalzen, darauf ein Küsschen, schließlich wieder „Nun komm schon, antraben“... Und wenn das Pferd dann zu seinem Menschen kommen soll, heißt es: „Nun komm“. Das kann ein Pferd nicht verstehen, das schafft es beim besten Willen nicht. Reduzieren Sie Ihre Sprache auf klare, eindeutige Signale und lernen Sie, sich selbst zuzuhören.

### ☞ TRAININGSTAGEBUCH

Schreiben Sie in Ihr Trainingstagebuch die Signale auf, die Ihnen wichtig sind und lernen Sie sie wie Vokabeln auswendig. Ein klarer und sortierter Wortschatz schafft Eindeutigkeit – und diese wiederum schafft Vertrauen.

## KLARHEIT IM SYSTEM

Geben Sie Ihrer Sprache ein System, lernen Sie, sich tierisch gut auszudrücken, mit einem hohen Maß an Sprachhygiene. Zugegeben, das liegt uns Menschen nicht so. Hier der Beweis: Sie kennen gewiss auch die Situation, dass jemand von etwas schwärmt, dabei aber den Kopf schüttelt? Achten Sie mal drauf, und trennen Sie dann den Ton vom Bild. Sie erfahren hier zwei völlig unterschiedliche Aussagen. Das würde einem Tier niemals passieren! Bieten Sie Ihrem Tier Eindeutigkeit und Klarheit – immer.

*Der gelungene Dialog beinhaltet immer eine innere Bereitschaft füreinander.*

## SPRACHHYGIENE

Die dreidimensionale Sprache sagt nichts anderes aus, als dass sich Ihre drei Kommunikationswege auf dieselbe Aussage einigen; und das, bevor Ihr Gegenüber sich damit auseinandersetzen muss. Beginne ich mit der Schulung eines Tieres, dann wende ich bewusst alle drei Ausdrucksformen an. Mit zunehmender Sicherheit lasse ich eine der drei weg und überprüfe, ob meine Frage immer noch verstanden wird. Wenn dem so ist, dann lasse ich zwei weg und nur den letzten Kommunikationsweg bestehen.

Mein Ziel beim Reitpferd ist, dass das Pferd die akustischen Signale wahrnimmt und versteht, denn nur die akustische Sprache kann ich mit in den Sattel nehmen. Beim Libertypferd ist die Körpersprache entscheidend, und so reduziere ich hier vornehmlich auf visuelle Hilfen. Eine klare akustische Steuerung ist auch sinnvoll, nur im Getöse der Musik und des Applauses nicht immer die beste Wahl. Dem jungen Pferd dagegen hilft zu Beginn die räumliche Sprache, denn sie ist das naturbelassene Bindeglied zwischen Menschen und Tieren.

Legen Sie sich diese drei Kommunikationswege zurecht, studieren Sie diese und lernen Sie, alle drei gleichzeitig zu geben und sie ebenso wieder voneinander zu trennen.

Das ist das Geheimnis einer ganzheitlichen Schulung, einer Sprachhygiene, die dem Verständnis der Tiere entgegenkommt.

Sehr gern fahre ich mit meinen Pferden Fahrrad. Und ehrlich, es gibt fast nichts Schöneres, als diese prächtigen Leiber neben mir herlaufen zu sehen. Stolz, stark und ausbalanciert, frei und froh traben die Pferde an meiner Seite, und die daraus resultierende Losgelassenheit ist ein Zugewinn für die reiterliche Ausbildung. Das Fahrradtraining ist ein Endresultat gelungenen Sprachgebrauchs und erzeugt gegenseitige Freude an der gemeinsamen Spur. Fast wie beim Reiten benutze ich hier die akustische Sprache, denn meine räumliche und leibliche sind durch das Fahrradfahren ja sehr begrenzt. Ein Pferd so frei und rein akustisch in allen Gangarten neben sich in der Spur zu haben, macht alle Beteiligten froh. Den Aufbau dieser besonderen Freiarbeit beschreibe ich detailliert ab Seite 170. Es zeigt sehr deutlich, wie eine gut gearbeitete Sprachhygiene alle drei Kommunikationsformen zusammenführt oder auch wieder trennen kann. Und es beweist, wie unfassbar kommunikationsbereit unsere wunderbaren Pferde sind. Es ist an uns, genau diese Bereitschaft klug zu nutzen.

*Sich Verstehen bedeutet sich verbindlich zuzuhören ...,*

*... sich um die Signale des anderen zu bemühen ...*

*Im gelungenen Dialog signalisieren sich beide Gesprächspartner eine innere Zugewandtheit.*

*»Im Zweifel immer für das Pferd.«*

## SIGNALE UND HILFEN DIFFERENZIEREN

Steigen wir noch etwas tiefer ein in die Sprache mit unseren geliebten Pferden. Es ist so lohnend, hier den Fehlerteufel aufzuspüren und zu vertreiben, denn dieser versteckt sich meistens im Detail.

*... und sich in jeder Situation zum Wohl zu sein.*

### AUS DER PRAXIS

„Das ist Fritz," lachte die junge Frau, und stellte sich selbst als zweites vor. „Ich bin Nathalie." Sie war offen, wissbegierig und hochmotiviert. Fritz schien nicht so motiviert. Er stand neben ihr und strahlte unter seinem Scheckenfell mit einem nicht enden wollenden Phlegma. „Der ist ganz lieb", beschrieb sie ihn kurz und knapp. Er schaute mich genauso wenig an wie seinen Menschen. Er schaute gar nicht. Ein Quarter Horse, handlich, kräftig, ruhig. Wir begannen mit der Lobbarkeit, erhielten allerdings kein positives Feedback. Fritz trat einen Schritt zur Seite und schlug einmal mit dem Schweif. „Vielleicht mag er das nicht?", mutmaßte Nathalie. „Vielleicht kennt er es noch nicht", dachte ich. Diese junge Frau brannte für die Arbeit mit den Pferden und es schien auf den ersten Blick, als hätte sie eigentlich kein echtes Problem mit ihrem Fritz.

„Na, dann üben wir das etwas später", schlug ich vor, und bat sie, mit ihm loszugehen. Sie stand schon an der richtigen

*»Es ist nicht wichtig, was Du betrachtest, es ist wichtig, was Du siehst.«*

Position an der Schulter, war richtig ausgerüstet und kannte bereits die Signale aus meinem Buch „Wenn Pferde Komplimente machen". Das freute mich sehr, macht es doch einfach Spaß, mit dieser Motivation zu arbeiten. Sie sagte „Und an" und tuschierte im exakt selben Moment ihren Fritz mit der Gerte ganz leicht am linken Hinterbein. In dem Moment des Impulses presste er die Lippen aufeinander, zog die Nüster hoch, die Wulst über seinem Auge schwoll an, das Ohr spannte sich nach hinten, der Nacken wurde steif, der Schweif schlug und die linke Kruppe hob sich ein wenig an, um das linke Hinterbein in ihre Richtung zu entlasten.

„Warte einmal, das müssen wir besprechen", bat ich. Da war etwas richtig schiefgelaufen.

*Das passive Drohverhalten im treibenden Impuls wird schnell übersehen.*

Meine allererste Wahrnehmung von diesem hübschen Pferd war: „ruhig". Dann dachte ich: „phlegmatisch", und danach vermutete ich eine passive Abwehr, ein Festhalten. In diesem Moment des Losgehens konnte ich ein eindeutiges Abwehrverhalten identifizieren und bereits die ersten Momente der offensiven aversiven Aggression. Er drohte.

## Auf Abwehr abonniert

Nathalie spürte, dass etwas nicht stimmte, konnte es aber noch nicht erkennen. Dass Fritz sich nicht loben ließ, war bereits ein Abwehrverhalten, mit dem er schon häufig Erfolg hatte. Er wich aus und schlug mit dem Schweif. Da er den Menschen damit „abstellen" konnte, war er davon überzeugt, dass er weggehen sollte und mit dem Schweif schlagen darf.

Der Kern des Problems war ein Missverständnis, das in den allerbesten Familien vorkommt und in der Tat einem ungeschulten Auge nicht sofort auffällt: Weil Fritz phlegmatisch wirkte, fast faul, integrierte Nathalie in das Losgehen sofort den treibenden Impuls. Sie kombinierte das Signal „Und an" ohne Warnung mit dem Touchieren, und gab Fritz somit keine Chance, sich auf den treibenden Impuls einzulassen bzw. diesem aus dem Weg gehen zu können. Und während sie ihn einfach so touchierte, erlas sie sein erneutes Drohen nicht. Er wiederum zeigte jedes Mal konsequent Abwehrverhalten (welches rein neurobiologisch entsteht, wenn jemand/etwas direkt in die Abwehrzone eindringt, siehe Seite 67) und ritualisierte nach und nach eben diese Abwehr als gewünschte Antwort – allein dadurch, dass er es durfte, dass es geduldet wurde.

## Der Unterricht beginnt

Wir begannen mit der Arbeit am Verständnis. Im ersten Schritt ging es darum, das Ausdrucksverhalten des Pferdes zu erlesen, ohne es zu bewerten. Wichtig war mir, dass diese angehende Glücksschmiedin eine gründliche Ausbildung erhielt und in der Lage war, selbstständig den Dialog mit ihrem Pferd zu führen. Darum bat ich sie, genau dasselbe noch einmal zu tun und genau hinzuschauen, damit sie mir später sagen konnte, was sie wahrgenommen hatte.

Nathalie wollte lernen und war unfassbar offen für diesen Ansatz. Sie erkannte die Signale ihres Pferdes schnell und sagte lachend: „Das habe ich noch nie wahrgenommen. Darauf habe ich noch nie geachtet. Aber ich glaube, er guckt immer so. Ich dachte, der ist halt so." Und genau das ist Ihnen ja vielleicht auch schon passiert. Möglicherweise haben Sie Ihr Pferd auch auf einen Charakterzug, auf ein Verhalten abonniert und sind einfach nicht mehr offen für das Ausdrucksverhalten bzw. verlieren Ihre Vision aus den Augen, wie Sie es sich denn eigentlich wünschen.

Fritz hatte sich im Laufe der Jahre eine feste Meinung zu Menschen gebildet. Er ging davon aus, dass die manchmal ohne Warnung touchieren, dass sie schon mal unberechenbar sind. Und er hat gelernt, dass es akzeptiert wird, wenn er halt „keinen Bock" hat. Nein, Nathalie ist nicht unberechenbar! Sie ist feinfühlig und empathisch. Ihre Art der Kommunikation war allerdings für dieses Pferd unberechenbar, weil ohne Ankündigung einfach immer wieder mal ein Impuls kam. Er hatte keine Chance, dies zu vermeiden. Das hat ihn auf der einen Seite stumpf, auf der anderen Seite sauer gemacht.

*Häufig wird Drohverhalten erst ernst genommen, wenn es offensiver wird.*

## Die Signale und ihre Hilfen

Wir sortierten nach Frage und Antwort. Nathalie sollte lernen, die Fragen an ihr Pferd im Rahmen der dreidimensionalen Sprache zu stellen: Welches Wort, welche Bewegung, welche Geste? Und dann übten wir die dazu passende Hilfe, um ihn zu unterstützen.

Wenn Fritz also nicht auf das Signal reagiert (was zu Beginn normal ist), dann braucht das Signal eine Hilfe, eine Unterstützung, in diesem Fall einen treibenden Impuls, den wir auch später beim Reiten benötigen. Diesen Impuls warnen wir im Rahmen der Ampel an – so, dass das Pferd die Chance bekommt, der Berührung mit der Gerte auszuweichen. Diese Möglichkeit hatte Fritz ja bisher nicht, Nathalie hatte ihn direkt touchiert, ist also ohne Warnung in seine Abwehrzone eingedrungen und hat in seinem vegetativen Nervensystem Abwehrverhalten erzeugt. Das ist ein ganz normaler und natürlicher Vorgang. Sie wusste nicht, dass sie das tut und er wusste nicht, dass sie das nicht wollte. Erinnert ein bisschen an eine Eheberatung, oder? Möglicherweise finden Sie sich hier selbst wieder?

## Die Ampel erarbeiten

Beginnen wir also damit, die dreidimensionale Sprache mit Hilfe der Ampel in Ordnung zu bringen. „Und an" – nichts passiert. „Na" – immer noch keine Reaktion. „Anlegen der Gerte" – Fritz droht und geht los. „Und an" als Lobwort gesprochen. Diesen Ablauf nennen wir das Ampelprinzip: Grün, Orange, Rot, Grün, oder auch wie ein Sandwich: Brot, Remoulade, Käse, Brot. Wie auch immer Sie es sich am besten einprägen können. Das Drohen von Fritz ließen wir erst einmal einfach so stehen. Er sollte zunächst lernen, dass er von nun an immer gewarnt wird, bevor die Gerte ihn touchiert, wir spekulierten darauf, dass das Drohverhalten seinerseits bald nicht mehr nötig wurde.

Wir wiederholten die Übung einige Male, und schon beim vierten Mal lief Fritz beim ersten leisen und freundlichen „Und an" einfach los. Ohne Drohen, ohne Abwehr. Nathalie freute sich und lies sich ungewöhnlich viel Zeit für das Loben. Sie hatte ihm nicht nur die treibende Hilfe erklärt, sie hatte Ordnung in ihre Sprachhygiene gebracht, dem Pferd gezeigt, dass sie berechenbar ist, Vertrauen gesät, sie hat das Signal vom treibenden Impuls getrennt. Sie hat einen großen Schritt in die richtige Richtung gemacht und doch nur ein kleines Detail verändert. In genau diesem Detail hatte der Fehler gesteckt, und diesen hat sie ausgemerzt. Dennoch braucht es von nun an etwas Zeit, um ritualisierte Gewohnheiten gegen den gelungenen Dialog zu tauschen.

## Lernmuster löschen

Die passive Abwehr war ein über Jahre gefestigtes Lernmuster von Fritz geworden, das man nicht einfach mit einer Sitzung verändern kann. Nathalie lernte den gesamten Umgang mit ihm nach diesem Knackpunkt zu durchforsten und fischte noch mehr Situationen heraus, in denen sie ihm nicht gut zugehört hatte, er sie mit Abwehr „abstellte" und immer wieder Drohverhalten zwischen ihnen stand.

Aber nun ist sie geschult, sie kann es erkennen und sich selbst heraushelfen. Das ist das Rezept: Langsamer, freundlicher, ihn im Lob nicht aus dem Raum lassen und loben, bis das Lob wirkt. Auch die vier Säulen und der faire Ablauf über die Ampel helfen.

*Werden dieselben Fragen freundlicher und eindeutiger gestellt, …*

*… erhält man freundlichere und klarere Antworten.*

*Der gelungene Dialog ist die Basis für alle weiteren Lektionen, denn er ermöglicht tiefes Vertrauen.*

> *»Vertrauen ist ein Geschenk, dass die Tiere in unsere Hände legen. Geh sorgsam damit um.«*

Nathalie begann, ihren Fritz so zu schulen, dass am Ende das kleinste Signal reichte und Hilfen gar nicht mehr nötig waren. Wir nennen dies das „Don't touch-Prinzip" (Seite 110). Ist das Pferd für seinen Menschen sensibilisiert, dann kann man die Signale vor dem Hintergrund des kleinsten gemeinsamen Nenners arbeiten.

Trennen Sie in der Arbeit mit Ihrem Pferd die Hilfen von den Signalen, erst am Boden, dann im Sattel. Es gibt ein Signal, etwas zu tun, und wenn es keine Reaktion darauf gibt, dann erfolgt die orientierende unterstützende Hilfe. Sie kennen beim Reiten möglicherweise die Begriffe Trabhilfe, Galopphilfe, ganze und halbe Paraden. Überdenken Sie es einmal und wandeln es in Trabsignal, Galoppsignal, Schrittsignal usw. Wenn dieses nicht befolgt wird, dann kommt eine treibende Hilfe oder verhaltende Hilfe nach dem Prinzip der Ampel. Und es spielt keine Rolle, ob Sie den Gang hoch-, oder runterkuppeln wollen. Wünschen Sie, dass Ihr Pferd aus dem Galopp in den Trab findet, dann geben Sie auch hier ein Trabsignal; wenn es nicht befolgt wird, dann reiten Sie eine halbe Parade, um wieder das Trabsignal zu geben. Stellen Sie sich vor, dass Sie nicht aufhören zu galoppieren, sondern anfangen zu traben. Die verhaltenden und treibenden Hilfen geben dem Pferd Orientierung, um die Lösung zum jeweiligen Signal zu finden. Nennen Sie es Signalreitweise, und schulen Sie alles, was Sie Ihrem Pferd beibringen wollen, mithilfe sauber und ordentlich differenzierbaren Signalen, die

*Die Basis der Freiarbeit ist die gegenseitige Gesprächsbereitschaft und das tiefe Verständnis füreinander.*

**RANDNOTIZEN: FRITZ UND NATHALIE**

**Das Team**
Fritz, Paint Horse, Wallach, 8 Jahre
Nathalie, pferdebegeisterte Freizeitreiterin

**Ausdrucksverhalten**
Phlegmatisch, festes Maul, wenig Lidschlag, unbewegliches Ohr, verlangsamte, abgewandte Bewegungsintention, Schweifschlagen

**Funktionskreise/Räumliche Sprache**
- Lobbarkeit mit passiver Abwehr
- Anzeichen offensiver aversiver Aggression
- Sucht keinen aktiven Kontakt zu seinem Menschen

**Der Trainingsweg**
- Ausdrucksverhalten des Pferdes einlesen und adäquat darauf reagieren
- Erarbeiten der Fragestellung, Erarbeiten des treibenden Impulses nach der Ampel am Boden, Erarbeiten der Lobbarkeit
- Ansprechbarkeit und Abgrenzbarkeit arbeiten
- Folgend: Führen, kommunikatives Longieren, Kompliment, Ablegen, Freiarbeit

bei Nichtbefolgen eine dementsprechende orientierende Hilfe benötigen. Diese Art der Kommunikation ist der Garant für ein voll motiviert mitarbeitendes Pferd, egal ob im Sport oder in der Freizeit. Ein System, das Vertrauen schafft.

## Glücksschmied sein

Nathalie verstand das Naturgesetz der Sprache. Sie verliebte sich in diesen Dialog und begann, ihren Umgang mit all ihren Pferden daraufhin zu überprüfen. Es wurde fast zu ihrer Leidenschaft, langsam und gründlich zu arbeiten, zu kommunizieren. Seit einem Jahr nimmt sie nun Unterricht und hat auf den vier Säulen der Harmonilogie® bereits eine kleine Villa errichtet.
Nach einem halben Jahr waren die Themen erarbeitet und wir begannen, die Signalreitweise zu schulen. Fritz hat gelernt, Nathalie zugewandt zu sein, ihr zu vertrauen, sein gesamtes Ausdrucksverhalten hat sich verändert. Er macht Nathalie Komplimente, er schaut nach ihr, er arbeitet mit ihr zusammen. Ob Freiarbeit, Ablegen oder Reiten, die beiden sind ein tolles Team geworden und in ihrer jeweiligen Ausstrahlung schöner – denn die Abwehr, die Missverständnisse und auch die Wut ist gemeinsamer Freude gewichen und es gibt eine absolute Verbindlichkeit in allen Lektionen.

# VOM BODEN IN DEN SATTEL

Sechs Füße, zwei Herzen und eine Spur – daraus ergibt sich immer wieder dieselbe Frage, unabhängig von Alter, Ziel und Werdegang der Beteiligten: Wie bekomme ich es hin, dass das andere Geschöpf in meine Spur kommt, meine Spur annimmt, sich lenken lässt, und das im besten Falle gerne?
Manch einem fällt es leichter, die Spur zu erkennen und vorzugeben, wenn er im Sattel sitzt, dem andern gelingt es am Boden besser. Für das Pferd ist der geregelte Aufbau der Sprachen vom Boden in den Sattel der schonendste und nachvollziehbarste Weg. Es wurde ja als Pferd geboren und nicht als Reitpferd. Und ein anderes Wesen an seiner Seite kennt es seit seiner Geburt.

## DER EINDEUTIGE DIALOG

Beginnen wir den Dialog am Boden mit dem Ziel, dass das Pferd uns richtig zuhört. Versteht es Signale, können wir diese mit in den Sattel nehmen. Am Boden haben Sie unter anderem die Möglichkeit, das Ausdrucksverhalten des Pferdes exakt zu studieren. Viele Dinge können wir aus dem Sattel gar nicht wahrnehmen, die Nüster, den Lidschlag zum Beispiel. Dafür können wir andere Dinge besser fühlen, beispielsweise die Oberflächenspannung, die Bewegungsintention. Ein Erfolgskonzept ist also sicher die Symbiose aus guter Hand- und Bodenarbeit sowie feinem Reiten. Beides bedient eindeutige Signale, die sich im besten Fall gut aufeinander einstimmen.Wollen Sie Ihrem Pferd beispielsweise den treibenden Impuls erklären, dann ist das am Boden oft viel einfacher, denn Sie können die Reaktion Ihres Pferdes deutlich distanzierter einlesen.

### KOMMUNIKATIONSWEGE BEDIENEN

Benutzen Sie die drei Kommunikationswege in folgender Reihenfolge:

1. Akustisches Signal
2. Leibliches Signal
3. Räumliches Signal
4. Akustisches Signal

Sie sehen, wir haben hier wieder ein Sandwich (Seite 80). Das unter 4. aufgeführte wiederholte akustische Signal benutzen Sie bitte auch direkt als Lobwort.
Egal, welches Signal ich einem Pferd beibringen möchte, der Ablauf ist immer derselbe.

*Geraderichtung und Kraftentfaltung erzeugen auf beiden Seiten positive Energie.*

Wollen Sie, dass Ihr Pferd an der Longe antrabt, dann sagen Sie: „Und Terab". Wenn es sofort lostrabt, dann loben Sie mit „Jawohl, Terab". Wenn es nicht lostrabt, dann sagen Sie „Na", (das kennt es ja nun vom Führen und weiß bereits, dass danach die Gerte angelegt wird). Wenn es darauf nicht reagiert, dann legen Sie das Band der Longierpeitsche an die Hinterhand an, fordern mit Ihrem Körper etwas Raum durch eine auf den Hüfthöcker des Pferdes gerichtete Bewegungsintention, so, dass es lostrabt, und dann sagen Sie wieder, weich und lobend „Und Terab".
Und wenn Sie das hier lesen und denken, „Ich weiß doch, wie ich ein Pferd antreibe", dann lesen Sie es doch noch einmal in Ruhe, denn dieser Ablauf führt dazu, dass Sie leise und freundliche Signale gemeinsam mit Ihrem Pferd entwickeln. Und das führt schließlich dazu, dass Ihr Pferd Ihnen vertraut und gut zuhört.

*Sich am Boden mit dem Pferd die Sprache zu erarbeiten …*

*… ist eine kluge Vorbereitung für die Arbeit im Sattel.*

## DER FEHLER LIEGT IM DETAIL

Meist wird das Signal gesagt, dann wird einfach die Peitsche geschwungen, welche dann auch noch permanent im Sichtfeld des Pferdes bleibt, und zudem werden die Signale dem Pferd immer lauter und strenger, als Befehl erteilt, manchmal mit einem wechselnden Gebrauch an Vokabeln.
Wollen Sie aber ein Pferd, das Ihnen zuhört und weich und freundlich, voll motiviert mitarbeitet, dann ist es sinnvoll, sich den Ablauf der Kommunikationswege im Bereich der Schulung detailliert anzuschauen. Denken Sie an das Sandwich und genießen Sie die gemeinsame Leichtigkeit im Umgang.

## AUS DER PRAXIS

Sophie war Dressurreiterin, erfolgreich, fleißig und konzentriert. Der Oldenburger Samson kam über Umwege in ihr Leben. Samson hielt sich oftmals fest. Er war eines jener Pferde, die viel Talent haben, aber wenig Freude ausstrahlen. Er ließ Sophie in den Prüfungen auch im Stich, sprang aus jeder Ecke, wann immer er konnte, drehte um und blockierte. In Sophie setzte sich eine Wut fest, denn Hilflosigkeit ist kein guter Nährboden für Vertrauen.
Schließlich gab Sophies Mutter den Anstoß, Kommunikationscoaching zu nehmen, um Samson und ihrer Tochter zu helfen.

### Respekt und Vertrauen im Einklang

Sophie konnte die treibende Hilfe im Sattel nicht so gut erklären, weil sie Mühe hatte, das Drohverhalten zu regulieren. Und sie übersah, dass es das Treiben allein nicht war – es war auch das Vertrauen, die Bindung und die innere Losgelassenheit. Am Boden war es uns ein Leichtes, diese Bausteine zu etablieren und dafür zu sorgen, dass Respekt

*Das Wenden über die äußeren Hilfen gibt dem Pferd und dem Reiter äußeres Gleichgewicht und innere Sicherheit.*

und Vertrauen in Einklang kamen. Also begannen wir hier wie immer mit dem Grundlegenden: Führen mit „Und an", „Und halt". Und da haben wir den Fehler sofort gefunden.

Es war wie bei Nathalie mit Fritz (siehe Seite 77), nur defensiver und noch festgehaltener. Samson reagierte auf den treibenden Impuls am Boden mit Luftziehen und Festmachen des Körpers. Er schien zu versuchen, alles über sich ergehen zu lassen, wollte es irgendwie aushalten. In der nächsten Ecke aber sprang er in die Luft und explodierte. Auch hier fehlte die korrekte Warnung vor dem Impuls. Sein Drohen war passiv, still, fast mumifiziert. Er fror ein und platzte an anderer Stelle aus sich heraus. Wir versprachen ihm, dass er niemals ohne Warnung getrieben wird, lieber ließen wir von nun an den Impuls weg, aber nicht die Warnung. Und wir hielten uns daran. Außerdem begannen wir zu loben.

Nach ca. sechs Sitzungen ließ Samson sich loben und begann zu kauen. Er verstand langsam, was die treibende Hilfe bedeuten sollte, und fand die Lösung mehr und mehr ohne Spannung. Es dauerte drei Monate, bis Sophie ihn wieder geregelt auf Turnieren vorstellen konnte – erfolgreich und zufrieden lieferte er fehlerfreie Ritte mit hohen Wertnoten.

Die Arbeit am Boden half Sophie, ihr Pferd zu verstehen, zu erkennen und ihr Anliegen klar zu äußern sowie fair durchzusetzen ohne hilflos zu werden. Sie verstand das Gleichgewicht aus Vertrauen und Respekt auszubalancieren. Diesen Lernschritt nahm sie mit in den Sattel.

Für den treibenden Impuls legte sie eine bestimmte Bewegung ihres Beckens als Signal fest, zum Beispiel das leichte Vorziehen der Beckenmuskulatur als Signal für das Losgehen. Zeitgleich sagte sie das Signal „Und an". Wenn daraufhin nichts geschah, sagte sie zeitgleich mit dem Anlegen des Schenkels (hier ist der Bereich der Wade gemeint) das „Na", dem ein vorsichtiges Anlegen der Gerte folgte. In dem Moment, in dem Samson losging, war die Wade wieder gelöst und das Becken

*»Feines Reiten ist immer das Ergebnis eines feinen Dialogs.«*

gab noch einmal das Signal, gepaart mit dem akustischen, lobenden „Und an". Wir haben also die reiterlichen Hilfen mit den am Boden gearbeiteten akustischen Signalen gepaart und zeitgleich gegeben. Die Hilfengebung ist wie ein doppeltes Sandwich: Akustisch, wie wir es am Boden erarbeitet haben, gepaart mit dem rein leiblichen Signal, wie wir aus dem Sattel kommunizieren. Wir übten es erst im Schritt, in Ruhe, bis die Abläufe in Sophies Kopf sicher waren. Dann haben wir uns den anderen reiterlichen Signalen gewidmet. Wir haben das Pferd auf diese Art vor den treibenden Impuls gebracht, denn Samson konnte verstehen, dass er bereits gelobt wurde, wenn er schon beim Signal, spätestens aber bei der Hilfe reagierte.
Samson fing an, Sophie zu vertrauen. Sein Ausdrucksverhalten im treibenden Impuls veränderte sich ebenso wie im Lob. Er hielt nicht mehr ständig die Luft an, sein Lidschlag setzte ein, die Oberfläche entspannte sich, das ganze Pferd war losgelassen. Er war ein fleißiges Pferd, doch wurde er durch sein immerzu missverständlich angeregtes Abwehrsystem blockiert. Diese Blockade haben wir aufgelöst und ihm ein Verstehen ermöglicht. Nun akzeptiert er die Hilfen, ist auch im Viereck zuverlässig und Sophie erreitet Turniererfolge mit ihm. Doch Sophie hat in dieser Arbeit viel mehr gewonnen als goldene Schleifen: wertvolle Erkenntnisse, echtes Wissen und einen Freund.

### RANDNOTIZEN: SAMSON UND SOPHIE

**Das Team**
Samson, Oldenburger, Wallach, 9 Jahre
Sophie, Dressurreiterin

**Ausdrucksverhalten**
Geschlossenes Maul, ausbleibender Lidschlag, Oberflächenspannung, wirkt fest und hält die Luft an

**Funktionskreise/Räumliche Sprache**
- Aktiviertes Abwehrsystem, passives Drohen
- Fehlende Akzeptanz der Hilfen
- Fehlender Respekt und fehlendes Vertrauen
- Unberechenbare Reizoffenheit

**Der Trainingsweg**
- Ausdrucksverhalten des Pferdes einlesen und adäquat darauf reagieren
- Erarbeiten der Akzeptanz der Hilfen am Boden
- Führarbeit mit korrektem Erarbeiten der Ampel
- Dialog suchen, Räume klären, Lobbarkeit fördern
- Treibende Hilfe etablieren

## MISSVERSTEHEN ERZEUGT ABWEHR

Viele Pferde zeigen Abwehrverhalten, weil sie nicht verstanden haben, was sie sollen. Viele Menschen begegnen ihnen dann mit Wut, Strenge oder Härte. Das fördert das Abwehrverhalten oder bricht das Pferd. Versuchen Sie die Sprache in ihre einzelnen Kommunikationswege aufzuteilen, diese zu schulen und dann zu einer großen Symbiose zusammenzuführen. Am Ende kommt Verstehen dabei heraus.

*Es ist ein kluges Ritual, das Pferd nach dem Reiten um ein Feedback zu bitten. Lässt es in der Lobbarkeit los, dann war das Training passend.*

## TORSIGNALE UND NEBENGERÄUSCHE

Sie kennen das vielleicht, dass das Rascheln einer Plastiktüte oder das Geräusch, wenn man von einer Möhre abbeißt, dazu führt, dass Ihr Pferd die Ohren spitzt. Es hat schon häufig erfahren, dass auf das Geräusch ein Gaumenschmaus folgt. Das Pferd reagiert also auf das Geräusch, bevor der Schmaus seinen Gaumen berührt. Das ist ein sogenanntes Torsignal. Das gibt es im Positiven wie im Negativen, der Lernprozess ist derselbe: Das ankommende Auto des Tierarztes ist das Torsignal für das Pferd, das sich dann in die Ecke dreht und Abwehr zeigt oder versucht wegzudrängen.

Denken Sie wieder an die schöne Violetta, die mit ihrer vorgelagerten Abwehr Erfolg hatte . Die Anwesenheit der Trense, die sie einst gekniffen hatte, war das Torsignal für ihr Abwehrverhalten. Das zeigt, dass Pferde sehr gut hinhören und hinschauen und versuchen, Situationen früh zu erkennen. Ihrer klaren Wahrnehmung entgeht nichts.

## EINE FRAGE, EINE ANTWORT

Das macht das lineare Denken der Tiere aus. Menschen übersehen hier den Gewinn der Einfachheit für ihre Kommunikation und befassen sich mit komplexen Aufgaben, für die sie den Tieren die Verantwortung übergeben wollen. Wenn wir es schaffen, linear zu kommunizieren und den Tieren mit klaren Signalen die notwendigen Informationen zukommen zu lassen, die sie verarbeiten und auch verantworten können, dann kommen wir schnell ans Ziel.

Schulen Sie erst am Boden, dass eine Frage immer eine dazu passende Antwort einfordert. Nehmen Sie dieses System mit in den Sattel und übernehmen Sie die Verantwortung für die Sprachhygiene und deren Anwendung. Holen Sie sich nach dem Training das Feedback Ihres Pferdes. Überprüfen Sie die Lobbarkeit und erlesen Sie die Reaktion. Hier können Sie erfahren, ob Ihr Pferd mit dem Training und den Anforderungen einverstanden ist.

# BINDUNG

## — *Dem Pferd ein Zuhause sein*

# URVERTRAUEN FÜR GEBORGENHEIT UND MUT

Urvertrauen ist das, was jede Kreatur, also auch Sie selbst, von Geburt an im Gepäck hat. Es ist der Mut des Neugeborenen, völlig orientierungslos und benommen von der anstrengenden Reise auf diese Welt, aktiv nach Nahrung, Wärme und Schutz zu suchen. Es geht mit einer tiefsitzenden Zuversicht und einem starken Lebenswillen Hand in Hand. Urvertrauen ist in jeder Kreatur vorhanden – in unterschiedlicher Dosis, aber immer da. Dieses Urvertrauen kann gestärkt oder gestört werden. Es gibt auch ein Urmisstrauen, das dafür sorgt, dass das junge Geschöpf nicht unvorsichtig verunfallt oder sich in Gefahr bringt. Auch dieses ist wichtig. Von Anfang an gibt es also Vertrauen und Misstrauen, beide Pole entspringen dem Bindungs- und Bedrohungssystem. Die Frequenz, in der das jeweilige System angesprochen wird, entscheidet darüber, wie zutraulich oder scheu ein Tier wird. Zugrunde liegt immer eine genetische Disposition.

014
Zum Film:
Jupps Geburt

*Das Bindungssystem ist ein Gebilde, das sorgfältig und immerwährend aufgebaut und betreut werden muss. Die Natur hat hierfür einen genauen Fahrplan.*

*»Bindung ist keine Lektion, mit der man Preise gewinnt. Bindung ist die Grundlage für Vertrauen – und somit die Grundlage jeder Lektion.«*

## NÄHRBODEN FÜR VERTRAUEN

Der Fahrplan der Natur besagt, dass es einen geschützten Rahmen braucht für Mutter und Kind, einen Raum, der Sicherheit und Ruhe für die Bindungsarbeit gibt. In einem solchen Rahmen kann das Urvertrauen Ableger erzeugen und sich nach und nach zu Selbstvertrauen und Bindung entwickeln.
Dieser geschützte Rahmen ist in der Natur ein Abstand zur Herde, ein stilles Örtchen, um diesen doch sehr intimen Moment der Bindungsarbeit zu ermöglichen.
Der Moment der Geburt sowie die Zeit danach bedient verschiedene Fenster, die durch die hormonelle Einstellung im Körper beeinflusst werden. Mutter und Kind sind direkt nach der Geburt für einige Stunden, manchmal auch einige Tage, bindungsoffen. Es ist die Zeit, in der das Schlüssel-Schloss-Prinzip entsteht. Dieses Prinzip ermöglicht es, dass sich eine unerschütterliche, nicht austauschbare Bindung zwischen Mutter und Kind entwickelt, so, als ob nur ein Schlüssel in dieses Schloss passt.
Bei manchen Tieren ist dieses Zeitfenster sehr klein, bei anderen etwas größer. Zuerst verschließt sich das Fenster auf der mütterlichen Seite, was bedeutet, dass sie nach einiger Zeit nicht mehr bereit ist, ein anderes Kind anzunehmen als ihr eigenes (bzw. das Neugeborene, auf das sie geprägt wird). Das Neugeborene hält über einen deutlichen größeren Zeitraum die Bindungsoffenheit. Das sind Rettungsbrücken der Natur! So ist es möglich, dass ein Fohlen bei Verlust der Mutter eine Überlebenschance hat, sollte es auf eine andere Mutter treffen, die es annimmt oder bei der die Möglichkeit besteht, unbemerkt Nahrung zu stehlen.
Es ist ein besonderer Moment, in dem diese lebensnotwendige Bindungsarbeit geleistet wird. So auch bei unserer Zuchtstute Daily Pleasure. Unablässig nimmt sie Kontakt zu ihrem Sohn Jupp auf, körperlich und akustisch. Unablässig beschnuppert sie ihn und

*Sich ausgiebig dem Bindungstraining zu widmen, ist eine der schönsten Beschäftigungen überhaupt.*

speichert seinen Geruch als unverwechselbaren Schlüssel zum Bindungssystem ab. Mit ihrem Körper ist sie ihm ständig zugewandt und bereit, ihn gegen Gefahr abzuschirmen.
Erst nach Wochen verlängert sich das Band räumlich, in winzig kleinen Schritten, zur Selbstständigkeit des kleinen Hengstes. Je stärker er wird, umso mehr lässt sie ihn auch selbstständig spielen gehen, hat ihn aber immer im Blick.
Die Pflege der eigenen Brut scheint der Lebensmotor, der Auftrag zu sein, nur dadurch kann die eigene Art überleben. Die Gesetze der Natur haben dies so eingerichtet. Beschreiben wir das Bindungssystem als Werkzeug für erfolgreiche Brutpflege, dann ist es auch das Werkzeug, das wir brauchen, um eine erfolgreiche Partnerschaft einzugehen.

### EIN ZUHAUSE SEIN

Haben Sie schon einmal tierische Bindungsarbeit beobachten können? Die Zeit, die eine Mutterstute, ein Mutterschaf oder eine Mutterhündin mit dem Pflegen der eigenen Brut verbringt? Die Intensität und Innigkeit der Kontaktaufnahme? Das immerwährende Beschnuppern, das Beschauen, das Befühlen, das zärtliche, nicht enden wollende Abschlecken, Zurechtrücken und Beschützen? Das umsichtige Kontrollieren jeder Bewegung und Abschirmen gegen Gefahr von außen? Haben Sie das schon einmal bewusst und ausgiebig begleitet, über Wochen, Monate, manchmal sogar Jahre?
Haben Sie, als Sie Bindung zu Ihrem eigenen Pferd aufbauen wollten, dasselbe getan? Es immer wieder berührt, beschnuppert, liebkost und beschützt? Oder haben Sie einfach eine Möhre gegeben, einen Sattel draufgelegt und sind losgeritten, sowie es landläufig üblich ist? Haben Sie überhaupt die Erwartung einer Beziehung zu Ihrem Pferd und soll diese Beziehung eine Freundschaft werden, die auf Bindung aufbaut? Das ist nicht vorwurfsvoll gemeint, sondern eher nüchtern, sachlich und definierend, denn darüber sollten Sie sich als Glücksschmied im Klaren sein. Sie sollten wissen, was für ein Glück sie schmieden wollen – nur für sich oder für beide Partner der Beziehung.
Rein neurobiologisch ist ausschließlich das Bindungssystem in der Lage, das Bedrohungssystem zu beruhigen. Mit diesem Lernschritt erschließt sich die Arbeit der HarmoniLogie® mit dem wissenschaftlich fundierten Ergebnis der Neurobiologie. Das bedeutet ganz einfach: Wenn ich das Zuhause meiner Tiere bin, ihr Wohl, dann sind sie stressbelastbar und gesund.

## DAS MAGISCHE BAND

Ich habe mich auf den Weg gemacht, Bindung in anderen Bereichen zu beobachten: bei Wildgänsen, Kühen, Ziegen, Schafen, Hühner, Katzen und Hunden. Man findet immer dasselbe Prinzip: Es ist nicht irgendein Schaf in einer Herde, es ist ein besonderes Schaf, das in Beziehung zu einem anderen Schaf steht, ihm viel bedeutet, ihm Sicherheit, Halt und Schutz bietet. Es ist ein magisches Band zwischen den Wildgänsen. Es ist nicht eine Ansammlung vieler Gänse, es ist eine Struktur der Individuen, die auf Bindung aufbaut. Mit all dem Wissen bin ich durch die Reitställe gelaufen, ob Boxenhaltung oder Offenstall war mir gleich. Gesehen habe ich Pferde, die neben Pferden stehen mussten, zu denen sie keine Bindung hatten. Das würde es in der Natur nicht oder nur in absoluter Not und Stresslage geben. Pferde ohne innere Bindung lebten zusammen in einem Laufstall oder teilten sich einen Offenstall. Ihre Menschen meinten es gut damit und nahmen an, dass die Pferde eine Herde bilden und die Haltung darum gut und nah dran wäre „an der Natur.“ Aber tatsächlich war sie weit davon entfernt, denn die Pferde, die da zusammenstanden, hatten viel zu oft keine Bindung zueinander, aber einen Zaun außen herum. Das macht die räumliche Sprache

*Die Lobbarkeit in jeder Lebenslage zu überprüfen, ist ein Erfolgskonzept.*

schwer und kann konfliktbelastet sein. Das Prinzip Herde ist durchstrukturiert und eben nicht eine zufällige Ansammlung gleichartiger Geschöpfe.

### FAMILIENBANDE

Wenn wir unsere Herdenbehandlung bei den Schafen durchführen, dann stehen alle Tiere in einem Pferch, der ungefähr 250 Tiere fasst. Von dort geht es in einen Vorpferch, der deutlich kleiner ist, eben nur für ca. 15 Tiere. Ein kleines Falltor führt in den Behandlungsgang. Hier passen sechs bis acht Schafe rein, aber nur hintereinander. Und wenn ich dann die Nummern (jedes Schaf hat eine individuelle Ohrmarkennummer) betrachte, dann schaffen es immer wieder Mutter und Tochter sowie Geschwister, gemeinsam direkt hintereinander in den Gang zu laufen. Sie lassen sich nicht los, auch nicht in dem Tumult der Herdenbehandlung, bei dem es den Anschein hat, dass die Herde immer wieder gemischt wird. Die Bindung hält sie zusammen, ein faszinierendes Band über Generationen. Wir können nicht genug über Bindung lernen und über sie sprechen. Sie ist die Grundlage der Glücksschmiede, der Nährboden des Vertrauens.

Die Mutter-Kind-Beziehung stärkt nicht nur das Bindungssystem, sie sorgt auch für eine grundsätzliche Bindungsfähigkeit. Unsere Aufgabe ist es, diese Bindungsfähigkeit weiterhin zu fördern und auszubauen.

### EINE SYMBIOSE

Das Bindungsbedürfnis entspringt dem Funktionskreis Drängen/Bedrängen – genau wie wir es im Vorgang der Geburt und der Zeit danach wahrgenommen haben. Dieses Drängen/Bedrängen braucht Bestätigung und ein gutes Feedback auf der einen Seite, ein Regulativ auf der anderen. Bieten wir kein Regulativ, keine Begrenzung, kein Lenken des Drängens, dann kann es sein, dass ein enthemmtes Verhalten daraus resultiert.
Es ist ein Zusammenspiel aus Vertrauen und Respekt, das Beziehungen glücklich, langlebig und erfolgreich werden lässt. Diese Symbiose sollten Sie als zukünftiger Glücksschmied unbedingt im Blick haben. Denn nur, wenn Sie beides gut entwickelt und gepflegt haben – das Vertrauen, ebenso wie den Respekt –, dann ist auch Platz für große Gefühle, für tiefes Vertrauen, für einen erfolgreichen gemeinsamen Weg. Und Bindungsarbeit ist ein Teil, den wir dafür leisten dürfen.

*Loben, bis das Lob wirkt – das ist eine Übung, die sich richtig lohnt.*

## BINDUNG AUFBAUEN

Um Bindung zu erzeugen, braucht es einige wenige Zutaten:

- Soziale Fellpflege
- Rituale
- Zeit
- Körperliche Auslastung
- Geistige Auslastung
- Räumliches Regulativ
- Zuneigung, denn davon kann ein Pferd nicht genug bekommen.

### WIE ERKENNE ICH DIE BINDUNGSARBEIT MEINES PFERDES?

Wenn Ihr Pferd Kontakt zu Ihnen sucht, Ihre Witterung wahrnehmen möchte, Sie zum Streicheln und Kraulen auffordert, dann sollten Sie ihm unbedingt ein direktes, gutes Feedback geben. Achten Sie darauf, wie oft Ihr Pferd Sie anblickt, sich räumlich in Ihre Richtung stellt, wenn Sie mit ihm arbeiten, Ihnen zugewandt ist, und bestätigen Sie das mit aktivem Lob. Verbringen Sie Zeit im Stall, Paddock oder auf der Weide, nur um Ihrem Pferd positiv zu begegnen. Gehen Sie über die Angebote und Komplimente Ihres Pferdes nicht hinweg.

### WAS KANN BINDUNG ZERSTÖREN?

Man kann Bindung aktiv zerstören durch abwehrende, aggressive oder harte Einwirkungen, durch einen häufigen Wechsel der Lebensbedingungen wie Stallwechsel, Personalwechsel, Herdenwechsel oder auch Wechsel der Sozialpartner. Am häufigsten wird Bindung jedoch subtil zerstört, einfach durch das Ausbleiben eines Feedbacks auf die Bindungsangebote hin. Wenn Sie die Komplimente Ihres Pferdes nicht annehmen, dann werden sie immer stiller, immer seltener und irgendwann versiegen sie total. Es gibt bindungsfähige Pferde und solche, die sich nicht so leicht aktivieren lassen. Nehmen Sie das nicht hin, bemühen Sie sich um die Bindung und bauen Sie sie aktiv auf.

### WIE KANN ICH BINDUNG REPARIEREN?

Nehmen Sie sich Zeit für diese charmanten „Nebensächlichkeiten". Klar ist die Möhre, der Apfel als Pausenschmaus bei den Pferden, die ein eher festes Maul haben, eine große Hilfe, sie ans Kauen zu bekommen. Doch bedenken Sie, dass Bindung nicht bestechlich ist. Nur mit Futter erziehen Sie Ihr Pferd zum Betteln und Sie geraten schnell in Lohnverhandlungen. Das wäre kein Gewinn, denn das fordernde Pferd neigt wieder zu Distanzlosigkeit.
Wir setzen Futter rein als Pausenschmaus ein und sorgen hierüber nur dafür, dass das Pferd kaut und entspannt. Es braucht für diesen Pausenschmaus keine Kunststücke zu zeigen, sondern einfach nur bei mir zu sein.

## LOBEN, BIS DAS LOB WIRKT

Blicken Sie auf das Gesamtpaket Bindung und arbeiten Sie an der sehr häufigen, regelmäßigen Kontaktaufnahme. Bedenken Sie den Leitsatz der HarmoniLogie®: „Loben, bis das Lob wirkt."

Allein das ist bereits der erste große Schritt in eine ehrliche Bindung. Schaffen Sie Zeiten und Räume, in denen Sie einmal nur das Lob und die Lobbarkeit arbeiten, unehrgeizig und unbegrenzt. Spendieren Sie sich und Ihrem Pferd einfach einmal etwas Zeit, nennen Sie es Quality Time. Und wenn Sie jemand fragt, was Sie da machen, wenn Ihre Hände tief im Fell stecken, dann erwidern Sie einfach: „Arbeiten. Bindungsarbeit!" Und seien Sie stolz auf diese Art des Trainings, denn es führt direkt in eine echte Freundschaft. Beginnen Sie, sich und das Pferd körperlich auszulasten. Das Lauftier Pferd braucht geregelte Bewegung. Auch das baut Bindung auf. Gesundes Reiten, kommunikatives Longieren (Seite 173), Freiarbeit, Fahrradfahren, all das erzeugt Bindung. Erzeugen Sie eine Verbindlichkeit, eine Regelmäßigkeit, und bieten Sie Ihrem Pferd eine klare, eindeutige Sprache, auf die es sich verlassen kann. Das schafft Vertrauen, und genau das ist der Nährboden für Bindung. Und bitte setzen Sie dieses Bindungstraining in ein großes Zeitfenster. Bindung ist wie eine Pflanze: Sie braucht Zeit zum Wachsen und regelmäßige Pflege. Auf diese Weise werden Sie zum Zuhause Ihres Pferdes.

*Jedes Pferd hat seine individuellen Lieblingskraulstellen. Sie können überall am Körper sein.*

*Kraulen ist Teil der natürlichen sozialen Fellpflege und setzt Entspannungshormone im Körper frei.*

# PFERDE KÖNNEN EINSAM SEIN

*»Ein Tropfen Liebe ist mehr als ein Ozean Verstand.«*

*Blaise Pascal*

Gehen wir einmal durch das Leben eines durchschnittlichen mitteleuropäischen Pferdes. Die ersten sechs Monate darf das Fohlen bei seiner Mutter sein, dann wird es abgesetzt und geht zu einem Fohlenaufzüchter in eine Herde mit Gleichaltrigen, die es wahrscheinlich nicht kennt. Das ist der erste massive Bruch des Bindungssystems: neuer Ort, fremde Sozialpartner. Mit zweieinhalb bis drei Jahren kommt das Pferd zu einem Ausbilder, bei dem es oft in Einzelhaltung ist und jeglichen Kontakt zu seinen nun aufgebauten Freundschaften verliert. Von dort gelangt es vier- bis fünfjährig zu seinem neuen Besitzer. Der betreibt zum Beispiel Sport mit dem jungen Pferd und stellt es jedes Wochenende in einen anderen Turnierstall. Auch hier: Keine Sozialpartner, keine Bindung. Das Personal um dieses Pferd wechselt und arbeitet ja auch nicht jeden Tag, von daher begegnen ihm immer wieder andere Personen.
Wann genau wird das Bindungssystem gepflegt? Wie kann die Balance zwischen Bindung und Bedrohung hergestellt werden? Mit welchem Antrieb soll ein solches Pferd immer wieder eine Bindungsfähigkeit aufbauen?

*Mutter und Tochter treffen nach zweieinhalb Jahren wieder aufeinander – ein berührender Moment.*

## BINDUNG, EIN LEBENSPRINZIP

Die Dunkelfüchsin, die Sie bereits aus diesem Buch kennen, haben wir vor einigen Jahren übernommen, ein Jahr später kam ihre Tochter zu uns. Die beiden waren bereits seit zweieinhalb Jahren getrennt. Es brauchte nur wenige Sekunden der Kontaktaufnahme und sie waren wieder vereint. Dieser Moment war fast bizarr, ein bisschen wie Rosamunde Pilcher für Pferde, und hat wieder einmal bewiesen, dass das Band zwischen Mutter und Kind ein magisches, ein endloses, ein unfassbar starkes Band ist. Nun können sie wieder zusammenleben. Jeden Tag.

*Viele Pferde haben mit ihren Menschen unfassbares Glück: Sie finden Liebe, Verständnis und Kompetenz.*

## »Glücksschmiede können Glück schmieden.«

### AUS DER PRAXIS

Für Picco war es ein Sechser im Lotto, er wusste es nur nicht. Er wechselte den Stall und zog zu Menschen, die absolute Pferdenarren waren. Es war klar, dass von nun an für diesen 10-jährigen Westfalen Wallach immer gesorgt würde, und das in stabilen Beziehungen.

Picco hatte eine klassische „Karriere" hinter sich und stand nun förmlich an den Toren eines kleinen Paradieses. Er war absolut in sich gekehrt, still, passiv. Er blickte nicht, hatte keine Maulaktivität, er suchte keinen Kontakt. Er schien unkompliziert, forderte nichts, war fast genügsam. Beim Reiten jedoch wirkte er unsicher, konnte nicht gut allein im Gelände sein, wollte immer schnell wieder zurück. Er hielt sich fest, hatte das Maul immer geschlossen, den Kopf trug er weit über der Waagerechten.

Regina spürte, dass Picco einsam wirkte, sie spürte, dass er zwar gehorchte, aber nicht wirklich kommunizierte. Sie begann ihre Arbeit zu verändern, suchte den Dialog, trainierte die Bindung und versuchte auch, ihn immer wieder zu adäquaten Antworten aufzufordern.

Es dauerte über ein Jahr, erst dann ließ Picco beim Loben los, den Hals fallen, er begann zu kauen und konnte sich auf Regina einlassen. Sie hatte einen langen Atem, wusste bereits, wie wichtig diese Bindungsarbeit war und ließ ihn einfach nicht in seiner Einsamkeit sitzen.

## Richtung, Raum, Regulativ

Da Regina keinen sportlichen Ehrgeiz hatte, konnte sie einen Großteil der Zeit mit Bindungsritualen verbringen. Und damit ist kein Kuschelkurs gemeint. Sie begann, Picco geregelt zu führen, zu wenden, Raum zu fordern und Raum zu geben. Sie gab ihm ein adäquates Regulativ. Sie arbeitete die Lobbarkeit im sicheren Rahmen und durchforstete seinen Körper nach Lieblingsstellen. Sie schulte das kommunikative (Seite 173) und auch das klassische Longieren und brachte ihm etliche Lektionen am Boden bei, auch die Freiarbeit. Er konnte bald das Kompliment, das Ablegen und das Flachlegen. Regina kam aus der klassischen Dressurrichtung und war konventionell geschult und geprägt. Aber sie hatte gesehen, dass ein gelungener Dialog eben auch den konventionellen Weg nicht nur unterstützt, sondern ihn erfolgreicher werden lässt, hatte sie doch bereits zwei Pferde vorher nach der HarmoniLogie® geschult.

**015**
Zum Film: Picco und Regina

## Drei Jahre auf dem Weg zum Glück

Mittlerweile sind drei Jahre vergangen. Picco schaut immerzu nach Regina, dabei hat er Lidschlag, Maulaktivität, er lässt den Hals fallen und seine Oberfläche ist absolut entspant. Wenn Regina ihn ruft, dann kommt Picco, wenn sie ihn bittet, sich abzulegen, dann tut er das, und wenn sie mit ihm spielen will, dann lässt er sich gern auf sie ein. Möchte sie allein mit ihm ausreiten, dann vertraut er ihr, und so verbringen Pferd und Reeiterin eine entspannte, gemeinsame Zeit im Gelände.

All dies tut Picco für Regina, für seinen Menschen. Er hat sich erneut auf Bindung eingelassen, sie hat den Schlüssel zu ihm gefunden. Er hat ihr sein Vertrauen geschenkt und sie hat es als Kostbarkeit angenommen und ihm aus seinen Fehlern keinen Vorwurf gemacht. Jeder Zentimeter des gemeinsamen Wegs hat sich gelohnt. Picco war ein einsamer Krieger – bis Regina in sein Leben trat.

*Sich das Vertrauen des Pferdes zu erarbeiten, erfordert manchmal Geduld, immer aber ein gutes Konzept.*

## RANDNOTIZEN: PICCO UND REGINA

**Das Team**

Picco, Westfale, Wallach 10 Jahre
Regina, ambitionierte Dressurreiterin

**Ausdrucksverhalten**

Kein oder wenig Kontakt, ausbleibender Lidschlag, geschlossenes Maul, hoch getragener Kopf, wirkt in sich gekehrt und unsicher

**Funktionskreise/Räumliche Sprache**

- Passiv

**Der Trainingsweg**

- Ausdrucksverhalten des Pferdes einlesen und adäquat darauf reagieren
- Bindungstraining etablieren
- Dialog suchen
- Lobbarkeit fördern
- Raum bedienen

*Nähe und Distanz sind ein wichtiges Element.*

# ZEIT SPIELT KEINE ROLLE

Dieses Beispiel zeigt: Es sind all diese Signale, die wir nicht überlesen dürfen. Wenn wir spüren, dass da etwas nicht gut läuft, das Pferd festgehalten ist, es sich in sich zurückzieht, sich nur schwer loben lässt, dann sind das die Lektionen, die zuerst „dran" sind, die Priorität haben. Beim Wiederaufbau des Bindungssystems spielt Zeit keine Rolle. Sehr häufig höre ich von Schülern, dass sie das mit der Lobbarkeit mal versucht haben, ihr Pferd das aber nicht mag. Ich erwidere dann immer dasselbe: „Also habt ihr es nicht lange genug versucht, dann müsst ihr weiter loben, intensiver, in einem ruhigeren Ambiente."

Wie lange es dauert, das Bindungssystem zu reparieren oder Bindung aufzubauen ist von Team zu Team unterschiedlich. Wenn Sie mit Ihrem Pferd an der Lobbarkeit arbeiten und merken, dass es schnell loslässt, dann sind Sie auf dem richtigen Weg. Haben Sie aber ein Pferd, dass sich abwendet, droht oder sich festhält, dann müssen Sie noch weitermachen. Arbeiten Sie die räumliche Sprache, geben Sie ihm Richtung und seien Sie sein Regulativ. Das führt vor dem Hintergrund der gelungenen Lobbarkeit zu einer enormen Bindungsoffenheit. Viele Pferde sind auch durch ein hohes Maß an Konditionierung so sehr darauf geprägt, nur gegen Lohn mitzuarbeiten, dass sie ihre Einsamkeit dahinter verstecken können. Futter ersetzt keine Bindung. Es kann helfen Bindung aufzubauen, wenn man es gezielt und in Maßen einsetzt. Zum Beispiel um das Pferd zu einer Maulaktivität zu motivieren.

Pferde, deren Bedrohungssystem keine Beruhigung mehr erfährt, weil sie ihr Leben wie ein einsamer Krieger verbringen, reagieren schnell über, haben eine kurze Zündschnur und werden auch unberechenbar. Etliche Pferde fristen ihr Leben wie in einem Hotel. Die Pflege des Bindungssystems sollte unsere allerwichtigste Aufgabe sein.

# DIE KLUGE TAKTIK ZUM ERFOLG

Wir feierten diesen Erfolg, mit Sekt und wunderbaren Worten: Es war der erste Sieg in einer S-Dressur für unsere Tochter Carla und unseren Oldenburger Hengst Fürstenkind. Für uns war es etwas richtig Besonderes. Carla hatte bereits viele Platzierungen und auch Siege im Dressursport erritten, und jede Platzierung war etwas Großartiges. Der erste Sieg in der schweren Klasse jedoch hatte eine besondere Note. Da trinken wir nun den Sekt und stoßen an auf 12 Jahre tägliche Arbeit, Teamarbeit, Training, kalte Füße, nächtliches Aufstehen und Einflechten, stundenlanges Erlernen der Aufgaben und vor Kälte zittern am Abreiteplatz. In 12 Jahren von E-Dressur über A, L, dann Pony-Kader, die erste M, Landes-Kader und nun S. Selfmade, mit einem Pferd, das wir gekauft hatten als zotteligen Absetzer, auf einem Auge durch einen Unfall halbblind. Wir haben ihn aufgezogen und selbst ausgebildet.

Damals, als wir ihn trotz der Einschränkung durch das Auge kauften, sagten wir, dass wir ihm doch Sicherheit geben könnten. Heute ist es umgekehrt, heute gibt er uns die Sicherheit. Ein Pferd, das von Anfang an mit einem riesengroßen Herzen ausgerüstet, diesen Weg gegangen ist. Fürstenkind hat alles gelernt, das Führen, das Weichen, das Folgen, das Kompliment, das Ablegen, das Flachlegen, das Hinsetzen, das Verladen, die Show mit Ziegen, mit Enten, mit Spotlicht und Musik, die Freiarbeit, das Wassertraining, die Traversalen und Verstärkungen, die fliegenden Wechsel, die Pirouetten, die Piaffe. Er war einverstanden, dieser Hengst aus der besonderen Zucht der Familie Westendarp.

## MANAGEMENT, ORDNUNG UND ÜBERSICHT

Und während wir unseren Sekt schlürfen und diesen Moment genießen, fühlt es sich an wie eine ganz kurze Zeit und wir hoffen auf eine Ewigkeit, die nun vor uns liegt. Den Reiter und das Pferd selbst geschult, dazu gehören ein guter Reiter und ein gutes Pferd, die für die Sache brennen – und ein gutes Konzept. „Halte durch, wir schaffen das!" „Mach dir nichts aus den Fehlern, das nächste Mal machen wir es besser!" „Korrigiere deinen Ehrgeiz, fühle das Pferd!" „Hier wird nicht geweint, du darfst mir gern im LKW in den Arm beißen, aber hier wird nicht geweint!" „Das habt ihr richtig toll gemacht!" Jede Prüfung habe ich mit dem Handy gefilmt, als Selbstkontrolle für Ross und Reiter. Na ja, bei manchen Prüfungen war ich zu aufgeregt zum Filmen und habe statt dem Ritt jede Menge Sandplatz in Bild und Ton

*»Die glücklichsten Menschen haben nicht das Beste von allem, aber sie machen das Beste aus allem.«*

*Der sportliche Erfolg ist ein Resultat gelungener Basisarbeit. Die gelungene Partnerschaft und echte Freundschaft sollten jedoch die wahre Motivation sein.*

eingefangen. Inzwischen ist aber nicht nur meine nervliche Kondition gewachsen, auch die Kraft von Fürstenkind ist eine andere geworden. Gern erinnere ich mich noch an den allerersten Ausritt in die Meller Berge. Da geht es steil bergauf. Fürsti war dreijährig, und auf halber Strecke bin ich abgestiegen, um es für ihn leichter zu machen. Heute sieht er den Berg, schaltet den Allradmodus ein und schwupps sind wir oben.

Fürstenkind hat von der Pike auf gelernt zuzuhören, er hat ein gesundes Phlegma und neigt zur Faulheit. Der Aufbau dieses Pferdes war vielseitig, was auch in der Sportszene um uns herum oft belächelt wurde. „Ach so, der macht auch all diese Zirkustricks …“ Ja, wenn echte Zugewandtheit, Bodenarbeit, gymnastische Übungen wie Kompliment und Vertrauenstraining wie Ablegen und Flachlegen, Bindungstraining wie Freiarbeit „Zirkustricks“ sind, dann ja, dann macht er auch „diese Zirkustricks“.

## IM TEAM GEWINNEN

Neben diesen Tricks hat er Carla von der ersten A-Dressur bis zur S-Dressur begleitet. Und außer bei den Jungpferdeprüfungen hat ausschließlich sie als heranwachsender junger Mensch diesen Hengst auf Prüfungen vorgestellt. Das ist in der Tat eine starke Leistung des gesamten Teams.

Häufig sagen wir uns, dass echt viel Arbeit darin steckt, bis man ein Pferd so weit hat, so stark, so schön und so leistungsbereit. Es sind viele kleine Puzzlesteine, immer wieder ein vor und zurück. Und während wir das sagen, macht sich ein warmes Gefühl in uns breit, eine Dankbarkeit für das, was wir tun dürfen. Der Aufbau, der über die Bindung, den Dialog und die Muskelkraft geht, befähigt unser Fürstenkind, sein Einverständnis zu geben, denn er lernt, dass er nicht allein ist, dass ihm jemand zuhört und dass er es körperlich schaffen kann.

*»Der Leitsatz der HarmoniLogie: Loben, bis das Lob wirkt.«*

## FIT FÜR DEN SPORT

Ein Fitnessprogramm für das Pferd umfasst mehr als Longieren und Reiten. Es sollte die Beweglichkeit des ganzen Körpers, die Ernährung und das gesamte Management im Blick haben und es weder kompliziert noch nachlässig gestalten. Ob Bergsteigen, Wassertreten, Cavalettiarbeit oder Schrittausritte – alles, was die Muskulatur aufbaut, sollte von uns Menschen mit dem Pferd gearbeitet werden.
So handhaben wir das hier. Es gibt einen Schwimmteich, in dem wir im Sommer gemeinsam mit unseren Pferden baden können oder die Pferde vom Rand aus beim Schwimmen begleiten, und einen Reitteich, der einen 50 cm hohen Wasserstand, eine Longierinsel und die Ausmaße eines 20 × 40 Meter Vierecks hat. Um Kraft aufzubauen, gehen wir so oft es geht in die Meller Berge mit langen Bergauf-Strecken, Trab und Galopp-Intervallen, und machen ebenso oft einfach Gymnastik an der Hand. Wir reiten Übergänge oder schulen die Kraft im Pirouetten-Training.
Für uns geht es beim Krafttraining um Vielseitigkeit, Motivation und Gesundheit. Kraft ist die Basis, die ein Pferd braucht, um uns zu tragen; Stärke ist die Basis, die es braucht, um Belastungen zu trotzen, und Bindung braucht es, um Anforderungen zu verarbeiten. Als Glücksschmied lernen Sie umfassend und vielseitig zu arbeiten, je nachdem, was für Sie und Ihr persönliches Kunstwerk am besten ist.

*Sport und Spaß passen gut zuammen.*

### INTERVALLTRAINING

Für unseren Fürsti war und ist eben genau dieses Training am besten. Dazu gehört auch das Arbeiten in Intervallen. Das bedeutet, dass wir kurze Leistungsphasen mit langen Schrittphasen abwechseln. Die Schrittphasen geben zwar der Muskulatur etwas Pause, sollen aber den Geist ansprechen. Während wir im Schritt arbeiten, überprüfen wir die äußeren Hilfen, die Ansprechbarkeit, den Gehorsam am Bein und die Losgelassenheit im Genick. Das erreichen wir durch häufiges Stellen und Biegen, durch Seitengänge und erneutes Geraderichten, durch Halten, Rückwärtsrichten und Lobepause. Dazu gehören ebenso Lektionswechsel aus Kruppe- oder Schulterherein, Kurzkehrt als ¼, ½, oder ganze Pirouette geritten, viertel, halbe und ganze Traversalen, Geradeaus in Konter- oder Innenstellung usw.

*Gemeinsame Spur – spielerische Konsequenz*

*Geländeritte und Krafttraining erweitern den Horizont.*

Immer wieder nutzen wir die langen Schrittintervalle, um Frage-Antwort-Spielchen zu spielen. Das bedeutet, dass sich der Reiter auf eine Frage konzentriert und genau darauf eine Antwort haben möchte. Ebenso überprüfen wir in den Schrittpausen die leisen Signale und sezieren kleine Missverständnisse heraus. Zu gern arbeiten wir die Akzeptanz der Hilfen, das schnelle Vor-die-Hilfe-kommen. Und dann gibt es Lobpausen. Diese können passiv sein, durch einfaches Dulden dessen, was das Pferd gerade tut, ob im Halten, im Schritt reiten oder auch in den höheren Gangarten. Sie können aber auch aktiv sein, wie beispielsweise eine intensive Kraulpause.
Aktivieren Sie Ihr Pferd aus dem Sattel, galoppieren Sie z. B. im leichten Sitz mit aktiver lobender Einwirkung. Geben Sie Ihrem Pferd die Möglichkeit, einfach mal seinen ganzen Körper zu gebrauchen, so, wie Pferde das eben gerne tun: kraftvoll nach vorn, dynamisch, positiv, im Gleichgewicht.

## DIE LEISTUNGSKURVE

Bauen Sie also in Ihr Training, egal ob am Boden oder aus dem Sattel, Intervalle ein. Beachten Sie innerhalb Ihres Trainings die Leistungskurve. Sie erkennen diese daran, ob die Arbeit mit positiver Energie, Motivation und aktiver Interaktion gefüllt ist. Wenn Sie bemerken, dass diese Punkte nicht mehr so intensiv zum Vorschein kommen, dann ist es Zeit für eine Pause. Carla konnte ich immer fragen: „Kannst du noch?“ Aber Fürsti eben nicht, bei ihm mussten wir genau hinspüren, denn er versuchte uns immer alles recht zu machen und lief Gefahr, seine eigene Grenze dabei zu missachten.
Nutzen Sie den Anstieg der Leistungskurve, um ein Pausenintervall einzuschieben. Als Glückschmied gehören Sie ja nicht nur dem Handwerk an, Sie zählen auch zu einer künstlerischen Zunft. Und in der Kunst sagt man immer: „Aufhören, wenn es am besten ist.“

*»Frisch an die hohe Leistung und aufhören, wenn es am besten ist.«*

## DREIGETEILTES WARM-UP

Der Beginn des Trainings gestaltet sich auf drei Ebenen:

1. Emotional: Wir überprüfen die Lobbarkeit und damit auch die innere Losgelassenheit.
2. Kognitiv: Wir spielen das Frage-Antwort-Spiel und stellen dabei viele kleine Fragen, auf die wir unmittelbar Antworten einfordern.
3. Körperlich: Wir wärmen das Pferd langsam und gleichmäßig auf.

Nach einer kurzen Trabphase, die lang und tief, aber von hinten nach vorn durch den ganzen Körper geritten wird, beginnen wir meist mit der Galopparbeit. Darauf folgt wieder ein Schrittintervall wie zu Beginn, mit Lobritualen und Standpausen. Daran schließt sich nun der Teil des Trainings an, den wir als neue Aufgabe, große Frage oder aktuelles Trainingsziel definieren. Für Ross und Reiter sind diese Intervalle, die nah gesteckten Ziele, die erreichbaren Lernschritte, das A und O. Und dann gibt es die Standpausen. Anhalten und wieder: Loben, und loben, bis das Lob wirkt.

*Ein wunderbares Team – und erfolgreich*

Die Kraft, die Fürsti in den Jahren aufbaute, schien immer wieder nicht zu reichen. Er war halt auch ein bisschen faul, das spielte uns nicht in die Karten. Wir mussten also jede Möglichkeit suchen, ihn aufzubauen; wir durften nicht einfach Lektionen reiten und hoffen, dass es gut geht. Muskelkraft und Nervenstärke, Ausdauer und Fleiß, das gehört zu einem Dressurpferd oder Sportpartner dazu. Als Team mit dem Pferd muss man seinen eigenen Körper, seine Ernährung, seine Sportlichkeit, aber ebenso die des Pferdes im Blick haben. Das Gefühl der gewonnenen Kraft ist unbeschreiblich. Wenn sich Fürstis starker Körper beim Angaloppieren oder in den Pirouetten anhebt, wenn wir Verstärkungen reiten und der Eindruck entsteht, dass er gleich abhebt, dann fühlt man sich wie in einem Ferrari. Zu Fuß ist er doch tatsächlich eher ein Fiat Panda …

## VIELSEITIGES KRAFTTRAINING

Das Krafttraining ist für die Gesundheit eines Pferdes unumgänglich. Auch uns passiert es immer wieder, dass Fürsti ein bisschen zu dick wird. Er frisst gern, und Liebe geht auch durch den Magen. Umso konsequenter ist das Sportprogramm, und hier ist die Vielseitigkeit im Trainingsplan das A und O. Gestalten Sie Ihren Trainingsplan so bunt es geht, machen Sie jeden Tag etwas anderes. Kompliment und Ablegen sind wie Liegestütze, Wassertraining ist wie Kneippsches Kurtreten, es stärkt den Rücken und die Tragkraft. Schwimmen sorgt für den allumfänglichen Muskelaufbau und Cavalettiarbeit fördert das Gleichgewicht und die Geschicklichkeit. Pferde, die in der Natur leben, haben alles und zudem noch jeden Tag Kommunikation und Bindungstraining nonstop auf dem Programm.

*Wir alle haben nicht gewusst, dass man ein Pferd so lieben kann.*

**☞ TRAININGSTAGEBUCH**

Führen Sie Buch über Ihr persönliches Trainingsprogramm und darüber, wie Sie Ihr Pferd am besten und liebsten fit halten.

— Dokumentieren Sie Ihr Training.
— Überprüfen Sie die Vielfältigkeit des Angebotes.
— Optimieren Sie die Trainingsdauer.
— Bauen Sie Intervalle ein.
— Beachten Sie die Leistungskurve, sei es kognitiv, sei es körperlich, und bieten Sie Pausen an, während diese Kurve im Anstieg ist.
— Bedenken Sie: Frisch an die hohe Leistung und aufhören, wenn es am besten ist.
— Überprüfen Sie Ihre eigene körperliche Fitness.
— Bedenken Sie, dass Training immer eine Symbiose aus Sport und Dialog ist.

Damit bekommen Sie einen guten Überblick und können Ihren individuellen Trainingsplan optimieren.

## WAS LIEBE UND ZUWENDUNG BEWIRKEN

Ich wusste nicht, dass man ein Pferd so lieben kann. Carla saß auf dem Pferd, bevor sie laufen konnte. Die Arbeit mit und um die Pferde bestimmt hier jeden Tag. Viele Pferde hat sie mitentwickelt, deren Geschichte und Werdegang begleitet, doch keines war dabei so besonders wie unser Hengst Fürstenkind. Es ist auch für mich ein wunderbares Gefühl, diesen Hengst zu reiten. Das Schönste ist es aber, Carla und Fürsti zusammen zu sehen. Ihre feine Art und dieses kraftvolle Pferd sind für meine rosarote und subjektive Wahrnehmung „Sahne auf dem Reitplatz". Bitte entschuldigen Sie meine voreingenommene Äußerung, ich bin hier eben nicht nur Trainer und Partner, vor allem bin ich Mutter. Ein Pferd als echten Freund zu haben ist ein besonderes Gefühl. Für Carla, die auf Pferden groß geworden ist, war und ist die Beziehung zu diesem unserem Hengst etwas ganz Besonderes. Er schenkt ihr nichts, aber

*»Glaub an Dein Pferd, glaub an Dich.«*

*Hat man das Pferd auf seiner Seite, tut es alles für einen.*

wenn sie es richtig macht, dann kann sie alles haben.
Carla ist ein gründlicher Mensch, der fein und sehr genau hinschaut. Auch sie hat verstanden, dass andere mit teureren Pferden, die fertig ausgebildet waren, an ihr vorbei geritten sind. Aber sie fühlte und wusste durch unsere gemeinsame Arbeit auch, dass es sich lohnt, fest an sein Pferd, an sich und ein System zu glauben. Vielleicht tritt Fürsti keine Kronleuchter aus, aber dafür wohnt eine ganze Familie in seinem Herzen.

## BINDUNGSSYSTEM CONTRA BEDROHUNGSSYSTEM

Nicht jedes Pferd hat das Glück, einen so geordneten Weg zu gehen. Manche Pferde haben richtig Pech im Leben, und für einige wendet sich das Blatt dann noch zum Guten. Bei Fürstenkind war das Bindungssystem immerzu gepflegt und gestärkt worden. Ein Glückspilz, der in der Glücksschmiede aufwuchs. Doch was, wenn das Schicksal ein mieser Verräter ist, das Pferd nicht nur Missverstehen über sich ergehen lassen muss, sondern sich am Ende gar aufgibt, sich in sich selbst zurückzieht, dadurch unberechenbar wird und sich dem Leben verweigert? Vielleicht sind auch Sie schon einmal einem Pferd begegnet, das immer mit dem Kopf in der Ecke steht, bei dem jede Begegnung mit massiver Abwehr gefüllt ist und am Ende auch die gesteckten Ziele nicht erreicht werden können? Pferde, die nicht mehr blicken – so bezeichnen wir Pferde, deren Augenausdruck leer wirkt. Wenn sie nicht mehr den Kontakt suchen, sich vom Menschen und auch ein bisschen vom Leben abwenden. Wenn Abwehrverhalten sich konsequent durch alle Anforderungen zieht – was dann?

### AUS DER PRAXIS

„Du musst uns helfen, er macht zwar einen guten Sprung, aber es kommt niemand mehr auf ihn drauf. Jetzt wird es wirklich gefährlich", rief mich ein guter Freund an. Es handelte sich um ein junges Springpferd, das erst kürzlich in seinen Stall gekommen war. Charlotte, seine Bereiterin, war schon mehrfach gestürzt bei dem Versuch, aufzusteigen.
Wir fuhren hin und statteten Herrmann einen Hausbesuch ab. Der große Braune drückte sich in die letzte Ecke seiner großen, gepflegten Box. Ich ging hinein und spürte sofort, dass er mich nicht ohne weiteres an sich ranlassen würde. Er hielt die Luft an, wendete mir konsequent seine Kruppe zu, hatte keinen Lidschlag, klemmte den Schweif und presste die Lippen aufeinander. Sein Ausdrucksverhalten war so sehr geprägt von Abwehr in allen Ebenen. Wir holten ihn auf die Stallgasse und banden ihn an. Ich wollte seine Oberfläche, seinen Rücken und seine Beine einmal genauer

anschauen. Der Moment, in dem ich ihn berührte, war wie ein Elektroschock für ihn. Er zuckte heftig und versuchte, sich zu entziehen.
Charlotte, eine echte Frohnatur, glaubte an Herrmann, ebenso mein Bekannter. Es war schwierig für sie anzusehen, wie sehr sich der Wallach mehr und mehr abgekapselt hatte. Er war noch nicht lange in diesem Stall und über seine Herkunft wusste man wenig. Man habe versucht, ihn einzufahren und geritten sei er auch. Etliche Erfolge auf Springturnieren machten ihn interessant.

### Bindungsarbeit

Wir beschlossen, auf „Reset" zu drücken und Herrmann neu zu starten. Das Reiten wurde aus dem Programm gestrichen, dafür kam Bindungstraining auf den Plan.

*Das Bindungssystem muss manchmal komplett saniert werden.*

*Wie lange das dauert, darf keine Rolle spielen.*

Charlotte stellte eine Schüssel geschnittene Äpfel und Möhren vor seine Box, und jeder, der vorbei ging, sollte Herrmann füttern. Ganz schlicht gesagt sollte Herrmann lernen, dass Menschen gut schmecken. Die ganze Belegschaft machte mit. Das Führen (Seite 172) lernte Charlotte schnell und übte es jeden Tag mit ihm, ebenso, wie sie sich auf die Suche nach seinen Lieblings-Kraulstellen machte.
Es dauerte ein paar Wochen, bis sich das Bedrohungssystem in diesem Pferd beruhigen ließ. Wir trainierten sehr regelmäßig, doch an Reiten war noch nicht zu denken. Die Bindungsarbeit machte beiden Spaß. Charlotte lachte begeistert, wenn Herrmann eine lange Nase zog. Sie war Springreiterin durch und durch. Ihr Ehrgeiz konzentrierte sich auf das Pferd und nicht auf den schnellen Erfolg. Sie wollte Herrmann für sich gewinnen. Sie lockte ihn aus seiner Einsamkeit, sie öffnete sein Herz, ganz systematisch. Sie stellte fest, dass er sich veränderte. Er stand nun immer häufiger vorn an seiner Box und schaute nach ihr. Sie erkannte, dass das in der Tat große Erfolge ihrer Bindungsarbeit waren.
Nach einigen Sitzungen beschlossen wir, uns dem Reiten nähern zu wollen. So stand Charlotte mit dem gesattelten Herrmann in meiner Halle. Sein Ausdrucksverhalten war eindeutig: Er zog Luft, hatte schmale Nüstern. Sein Auge hatte keinen Lidschlag. Das Ohr war unbewegt auf Habachtstellung, den Kopf trug er weit oberhalb der Waagerechten, der Rücken war fest, der Schweif klemmte, die Füße standen fest am Boden.
„Nein, da wollen wir nicht aufsteigen", lachten wir, das sah ganz nach Schleudersitz aus. Wir hatten Herrmanns Einverständnis nicht. Ich bin mir sicher, dass genau hier der Fehler lag. Er stand ja still. Und das hat den Menschen, die ihn eingeritten haben, ausgereicht. Sein passives Drohen hat keiner gesehen.

### Nur eine Variable verändern

Wir begannen einige Zeit, ihn gesattelt kommunikativ zu longieren (Seite 173). Geht es doch bei dieser Art des Longierens um den Dialog, um Frage und Antwort, um das regelmäßige Verschließen des Außens. Er machte großartig mit, ließ mehr und mehr den Hals fallen und nahm auch das Bindungstraining in Form von Lobpausen optimal an. Um nach und nach Stressoren einzubauen, mit denen Herrmann sich auseinandersetzen sollte, veränderten wir das Training. Wir ließen seine Decke auf seinem Rücken, legten Stangen und Cavaletti hin und banden bald auch noch große Jollybälle (Spielbälle für Pferde) an seinem Sattel fest. Wir veränderten immer nur eine Variable, und arbeiteten diese Veränderung, bis er uns sein Einverständnis gab. Erlesen konnten wir es an seiner Atmung, an seiner Losgelassenheit, an seinem Lidschlag. Er lernte, diese Stressoren zuzulassen und zu verarbeiten.

### RANDNOTIZEN: HERMANN UND CHARLOTTE

**Das Team**

Hermann, Bayrisches Warmblut, Wallach, 7 Jahre, Springpferd
Charlotte, Bereiterin

**Ausdrucksverhalten**

Der ganze Körper zeigt Abwehr, Luft anhalten, eingeklemmter Schweif, kein Lidschlag, zusammengepresste Lippen

**Funktionskreise/Räumliche Sprache**

- Abwehr, passives Drohen
- 1 Zeile Blindtext

**Der Trainingsweg**

- Ausdrucksverhalten des Pferdes einlesen und adäquat darauf reagieren
- Anforderung reduzieren
- Bindung aufbauen
- Kommunikationswege eindeutig erarbeiten
- Trainingszeit für Raum, Richtung und Regulativ: die nächste Frage wird erst gestellt, wenn das Pferd zu der aktuellen sein Einverständnis gibt.

### Losgelassenheit beginnt im Kopf

Charlotte war Hermanns Jackpot. Sie freute sich so aufrichtig über jede dieser Veränderungen und teilte ihre Freude nicht nur mit mir, sondern besonders mit ihrem Herrmann. Sie ließ ihm seine Zeit und war immerzu bereit, in der Ausbildung auch wieder einen Schritt zurückzugehen, um ihre Ziele zu erreichen. Sie profitierte unglaublich von dieser Ausbildung zum Glücksschmied, denn sie erkannte sein Ausdrucksverhalten nun viel schneller und vor allem objektiver. Sie hörte ihm zu und nahm die Signale, die er ihr sendete, ernst. Seine Abwehr wich mehr und mehr aktiven Angeboten. In der Hand- und Bodenarbeit konnte sie Raum und Zeit regulieren, in der Lobbarkeit ihm eine Komfortzone anbieten und erzeugen und mit der Ansprechbarkeit seinen Fokus bekommen.

### Ein sicheres Umfeld

Zur diesem Bindungsprogramm gehörte noch mehr. Charlotte sorgte dafür, dass Herrmann einen festen Sozialpartner bekam, einen echten Kumpel, der bei ihm bleiben sollte. Sie optimierte nicht nur die Haltung und die Ernährung, sie begann, jede Stellschraube zu überprüfen, die für ihn wichtig war.
Nun waren ein paar Wochen Training vergangen und wir hatten Herrmann auf unserer Seite. Wir übten das Aufsteigen, nur um aufzusteigen, nicht um zu reiten. Einen Fuß in den Bügel und schauen was er macht. Sowie sein Lidschlag ausblieb, verharrten wir in genau dieser Position und begannen zu loben, solange, bis sein vegetatives Nervensystem sich beruhigt

hatte. Dann erst nahmen wir den Fuß wieder aus dem Bügel heraus. Ja, es liest sich so kleinschrittig wie es war. Und genau darum geht es.
Wenn Sie Glücksschmied werden wollen, dann brauchen Sie diese Etappensiege und auch das Gefühl von Zeit. Lernen Sie, Ihre Fragen an Ihr Pferd in diesem Dialog zu führen, lernen Sie rückwärts zu gehen, um vorwärts zu kommen, planen Sie Zwischenstopps mit ein. Überprüfen Sie, ob das Pferd sie verstehen kann und ob Sie sein Einverständnis haben. Manche Pferde sind sehr unkompliziert und haben immer Glück im Leben. Und manche eben nicht.
Wir nahmen uns eine Stunde Zeit, nur um auf- und abzusteigen und zu loben. Und es war die entscheidende Stunde, die in Herrmanns Kopf den Knoten aufzog. Am nächsten Tag schickte Charlotte mir ein Foto, wie sie in kurzer Hose ohne Sattel auf ihrem Herrmann saß und mit ihm spazieren ritt. Erst wollte ich schimpfen, war es doch gefährlich, aber dann machte sich eine große, warme Freude in mir breit. Charlotte war eine Musterschülerin, und sie hatte wirklich gelernt, ihrem Pferd zuzuhören. Sie begann, ihn zu reiten, er begann, sie zu tragen. Von diesem Moment an entstand eine Dynamik, deren Fahrtwind einem manchmal die Tränen in die Augen trieb. Sie startete mit dem Springtraining, sie nannte ihn bei Turnieren, sie gewann ein Springen nach dem anderen. Herrmann begann, für sie zu kämpfen. Er zahlte all ihre Mühe mit Zinsen und Zinseszinsen zurück.

*Die gezielte Basisarbeit gibt dem Pferd Vertrauen und dem Team Sicherheit.*

### Denken wir zurück

Das Bindungssystem in diesem Pferd war verkümmert, das Bedrohungssystem war aufgebläht. Seine Abwehr begann, sich als vorgelagerte Abwehr Türen aufzustoßen. Den Reiter unvermittelt loszuwerden war sein Erfolgskonzept. Das war für den Reiter eine böse Erfahrung, vom Pferd aber nicht böse gemeint. Hermann konnte seine Wut und Einsamkeit offenbar nicht anders kanalisieren. Die Hilflosigkeit der Menschen um ihn herum verstärkte seine Einsamkeit. Sein Bindungssystem drohte ganz zum Schweigen zu kommen. Dieses Ungleichgewicht kann schlimme Folgen haben, für alle Beteiligten. Diese Ausbildungsfehler finden täglich und überall statt. Herrmann ist nicht nur ein Glückspilz, sondern inzwischen Charlottes Gesamtkunstwerk, denn er strahlt von innen heraus.
Das gesamte Training dauerte ca. sechs Monate. Das Ziel, Hermann wieder erfolgreich im Sport einzusetzen, wurde erreicht. Charlotte hat nicht aufgegeben, sie hat an ihr Pferd geglaubt und es über den Dialog am Boden für sich gewonnen. Der Dialog findet seinen Weg vom Boden in den Sattel. Und auch hier geht es immer wieder um feine Sprache. Jeder Mensch, der Reiten als Dialog versteht und nicht als Fortbewegung mit vier Beinen, der wird sich mit dem Thema Frage und Antwort auseinandersetzen.

**016**
Zum Film: Hermann und Charlotte

# SIGNALE UND HILFEN

Wir unterscheiden beim Reiten zwischen Signalen und Hilfen. Feines Reiten zeichnet sich durch leise Signale aus und kommt ohne die jeweilige Hilfe zurecht. Sitzen Sie auf Ihrem Pferd und wollen im Schritt losreiten, dann überprüfen Sie einmal, auf welches Signal hin Ihr Pferd sich in Bewegung setzt. Ist es der Schenkeldruck, ist es das Vorschieben des Beckens oder berühren Sie Ihr Pferd direkt mit der Wade und den Sporen?

Wir sortieren es:

1. Legen wir das Vorschieben des Beckens als „Und an" fest, dann haben wir jetzt hier die Möglichkeit, das am Boden erlernte Signal akustisch mitzuliefern. Dennoch kann es sein, dass sich bei Ihrem Pferd daraufhin nichts in Bewegung setzt, da es dieses Signal noch nicht umsetzen kann.
2. Nun legen Sie als „Warnung" das Bein vorsichtig an. Das entspricht dem „Na", also der Orangephase der Ampel. Touchieren Sie danach ganz vorsichtig die Kruppe Ihres Pferdes mit der Gerte – zart, bis Ihr Pferd sich in Bewegung setzt.
3. In diesem Moment schieben Sie wiederum Ihr Becken ganz sachte nach vorn, als wollten Sie sagen: „Siehste, das ist ‚Und an'".

Hier habe ich nur eines von vielen Signalen, die das Pferd erlernen wird, beschrieben. Es gibt dann noch ein Trabsignal, eines für den Galopp, das Halten, das Rückwärtsrichten, die Seitengänge und das Abwenden, dem folgt die Versammlung usw. Die Hilfen, die treibende und die verhaltende Hilfe, dienen nur dazu, die Signale zu unterstützen und das Pferd zu orientieren, falls es die richtige Lösung nicht findet. Es ist systematisch derselbe Sprachgebrauch wie am Boden: verbindlich, vorsichtig und feinfühlig.

## HILFEN ANNEHMEN

Einer der wichtigen Schritte dabei ist die Akzeptanz der Hilfe. In der Ausbildung der jungen Pferde muss der erfahrene Trainer immer bemüht sein, dies in den Vordergrund zu stellen. Denn wenn ein Pferd die Hilfe nicht akzeptiert oder vielleicht auch nicht respektiert, dann kann diese Hilfe dem Pferd eben auch nicht helfen, die Lösung zu finden.

Feines Reiten baut auf eine hohe Akzeptanz der Hilfen und systematische Signale auf. Spüren Sie die Bewegungsintention, möglichen Widerstand, Abwehrverhalten in Ihrer Hilfengebung, dann bemühen Sie sich intensiv darum, dass die jeweilige Hilfe respektiert und angenommen wird. Lassen Sie die Lektion zunächst aus den Augen und setzen Sie die Signalgebung und davon differenzierte Hilfengebung in den Vordergrund. Das Ziel ist wie immer das Don't touch-Prinzip: Das Signal soll als Anweisung für das Pferd ausreichen, sodass am Ende noch nicht einmal eine Hilfe notwendig ist. Dieses Don't touch-Prinzip führt unweigerlich dazu, dass wir in der Lage sind, die Signalgebung an unser Pferd auf den kleinsten gemeinsamen Nenner zu reduzieren.

Es schult die feinen Signale des Menschen ebenso wie das gute Zuhören des Pferdes.

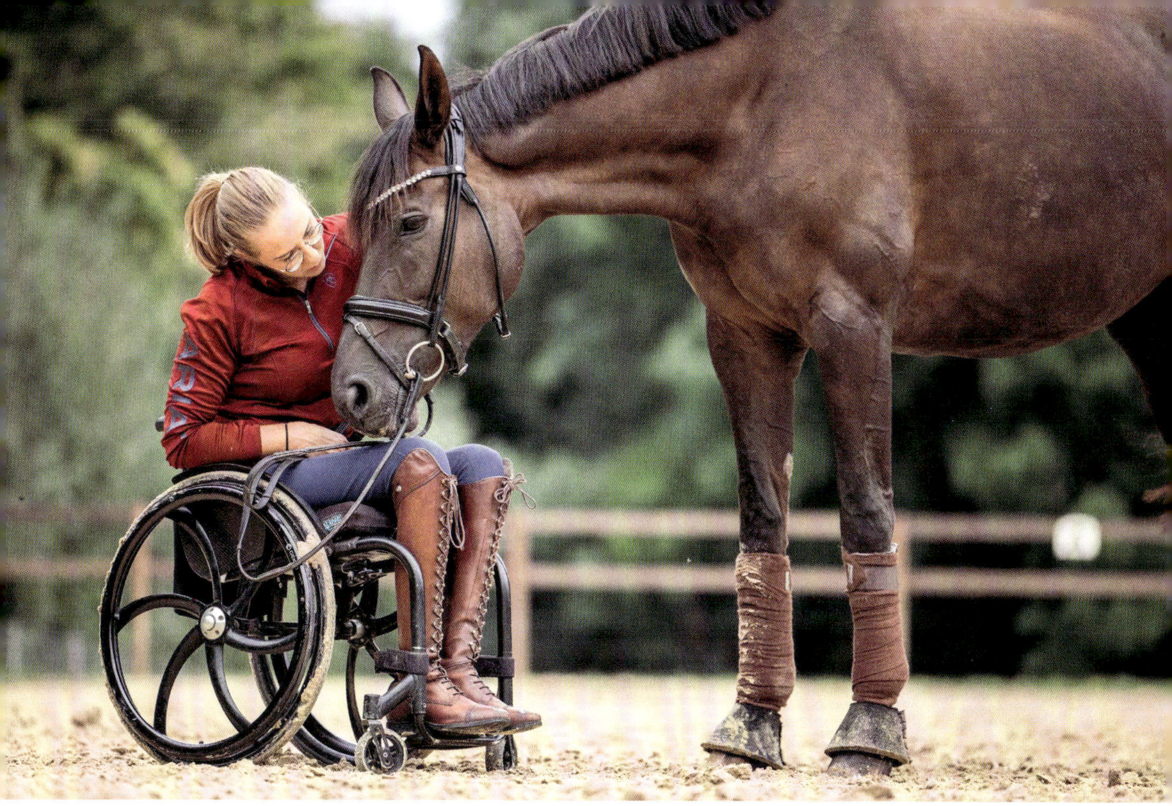

*Gegenseitiges Vertrauen kann in manchen Fällen eine besondere Tragweite haben.*

## AUS DER PRAXIS

Es war eine Instagram-Bekanntschaft. Ich folgte dieser jungen Frau und sie folgte mir. Ich schrieb sie an, ob sie mich einmal besuchen wollte. Sie war gleich Feuer und Flamme. Sie kam mit ihrem Lebensgefährten und ihrem Hund zu uns auf den Hof und wir fanden schnell heraus, dass wir ähnliche Ziele verfolgen. Ich zeigte ihr den ganzen Hof, und als wir runtergehen wollten zu unseren Teichen, empfanden wir es als zu matschig für ihren Rollstuhl. Also schlug ich vor, dass sie ja auch unseren Hengst Fürstenkind reiten könne. Ihre Augen strahlten heller als die Sonne es jemals könnte. Und damit verriet ich ihr direkt meinen heimlichen Plan. Gianna ist Parareiterin. Sie hat einen wunderbaren Dunkelfuchs, Selma. Durch einen Reitunfall erlitt sie eine Querschnittslähmung. Ich sah sie häufiger reiten in ihrer Story. Das gefiel mir. Aber noch mehr berührte mich ihre Zuversicht.

### Aufsteigen ohne Probleme

Wir holten Fürstenkind aus der Box, sattelten ihn und dann zeigte ich ihr, wie man ein Pferd ablegt. Gianna schenkte mir so viel Vertrauen und ließ sich darauf ein. Sie legte also diesen Hengst ab. Für Fürsti war es das allererste Mal, dass ein ganz fremder Mensch ihn ablegte, und er hatte auch noch nie einen Rollstuhl aus dieser Nähe gesehen. Für Gianna war es das erste Mal, dass sie ein Pferd ablegte. Es stand also eins zu eins. Er schaute zu mir, dann zu Gianna, dann bemaß er die Distanz und legte sich so vorsichtig ab wie noch nie in seinem Leben. Ja, die räumliche und die leibliche Sprache von Gianna waren definitiv anders als die ihm bekannte, aber das akustische Signal war dasselbe und er hat ja gelernt, zuzuhören. Ich musste mich wegdrehen, denn es schien, als hätte ich eine Fliege im Auge. Für mich war es ein intensiver Moment zu sehen, wie mein Pferd, ein erst 10-jähriger Oldenburger Hengst, so viel Vertrauen in mich hatte, wie er in dieser ihm fremden Situation einem anderen Menschen den Schlüssel zum Glück anvertrauen wollte. Es berührte mich sehr. Ich wusste zu 100 %, dass er es gut und richtig machen würde, aber ich ahnte nicht, wie gut und richtig er es wollen würde.

Gianna spürte, dass er auf sie wartete. Das gab ihr Sicherheit. Und dann stieg sie selbstständig auf einen ihr fremden Dressurhengst. Fürsti wartete auf sie, auf mich und darauf, dass wir alles gut sortiert hatten. Dann bat sie ihn, sich zu erheben. Ich meine, ich hätte ein Quietschen vor Freude gehört, als Fürsti sie vorsichtig nach oben hob und ganz ruhig und still stehen blieb, bis alles geordnet war. Ja, wir sind um unsere Teichanlage gegangen, wir haben alles angeschaut, aber ich bin mir nicht sicher, ob sie wirklich etwas gesehen hat, denn sie hatte nur noch Augen für diesen Hengst.

## Das Selbstbewusstsein oder sich seiner Selbst bewusst sein

Gianna hat durch ihren Unfall an Selbstständigkeit verloren, aber, ich weiß nicht wie, sie hat an Zuversicht für das Leben gewonnen. Und sie geht so unfassbar spendabel damit um. Ein Mensch, der ohne Beineinsatz reitet, braucht klare Signale, um sich seinem Pferd auch ohne Kraft und Sporen verständlich zu machen. Gianna ritt immer mit zwei Gerten. Auch wir reiten immer wieder mit zwei Gerten, denn es bringt das Pferd besser in ein Gleichgewicht. Bei Gianna ersetzen die Gerten ihre Beine. Sie ritt einige Zeit auch mit ihrer Stute Selma bei mir im Training, und die Signalreitweise passte extrem gut in ihr Konzept.

Selma sollte nun auch lernen, sich abzulegen. Sie ist eine tolle, charakterstarke Stute, die mit Gianna schon durch dick und dünn gegangen ist. Wir begannen mit dem Führen und dem Kompliment, das ging alles sehr schnell. Selma hat durch Gianna bereits gelernt, ihrem Menschen gut zuzuhören,

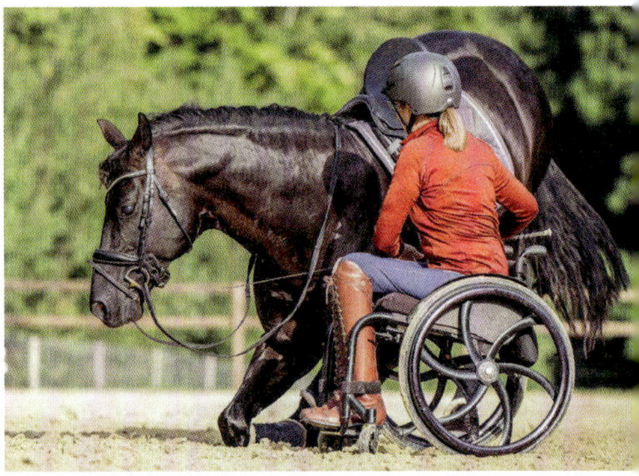

*Fürstenkind arbeitet verantwortungsvoll für Gianna …*

*… und gibt ihr die Sicherheit, um Vertrauen zu fassen.*

*Pferde können Menschen einfach glücklich machen.*

aufzupassen und achtsam zu sein. Eine Frage war das Raum fordern, welches sie nicht kannte, da Gianna nicht so schnell den Raum verwalten konnte, wie Selma das brauchte. Gianna und Selma waren wie ein Liebespaar, das mehr als nur die Flitterwochen durchlebt hat. Sie waren einander treu.

### Zeit darf keine Rolle spielen

Und dennoch fehlte Selma das letzte bisschen Vertrauen, um sich im Ablegen zu entspannen. Sie lernte die Bewegung, schoss aber sofort wieder hoch. Ein Thema, für das man ausreichend Zeit im Gepäck haben muss. Das Ablegen ist in der Tat eine Vertrauensfrage, und wenn es schön und richtig sein soll, dann klappt das nur vor dem Hintergrund einer korrekten inneren Haltung. Und genau dafür brauchte Super-Selma noch Zeit. Sie hat mit ihrer Gianna zusammen schon so viele Schlachten geschlagen, aber hier hatte Gianna es etwas zu eilig und musste erst ihre eigene Ruhe finden.
Was mache ich, wenn mein Pferd nicht liegen bleiben mag? Dann gebe ich ihm Zeit, bis es fein damit ist. Und in dieser Zeit wird das Ablegen ritualisiert. Die Tür nach oben ist immer offen. Ein Pferd, das sich ablegen soll, bekommt die Garantie, dass es jederzeit wieder aufstehen darf. Es wird nicht gezwungen oder festgehalten. Nur vor diesem Hintergrund verstehen Pferde es als freiwillige, vertrauensvolle Lektion. Und wenn sie wieder aufstehen, ohne dass ich das will, dann lege ich sie in Ruhe wieder ab. In meinem Buch „Wenn Pferde Komplimente machen" habe ich den Weg zum Ablegen sehr detailliert beschrieben. In diesem Buch hier aber geht es mehr um den Dialog und den Rahmen, den wir den Pferden stecken. Selma brauchte hier viel Platz in ihrem Rahmen, zeitlichen Platz. Wir übten es, bis Gianna sie ablegen konnte, und beschlossen, auf Selma zu warten – hatten wir doch von Fürsti gelernt, wie gut es sich anfühlt, wenn jemand auf einen wartet.

### Fürsti, der Lehrmeister

Unser Oldenburger Hengst half Gianna und gab ihr das Selbstbewusstsein, welches sie brauchte, um ihr neues Wissen auf ihre Stute zu übertragen. Er spielte in Giannas Karten, denn er zeigte ihr, wie gut sie das alles machte, wie schön sie ritt und wie stark sie war. Pferde können Menschen nicht nur zusammenbringen, sie können uns regulieren, ermutigen und stark machen.

### Freiheit als Geschenk

Parallel zum Reiten bekam Gianna noch einen zweiten Lehrmeister: Socio, unseren Professor der Freiarbeit. Das Ziel war, dass Gianna über Kommunikation, Ausdrucksverhalten und Spur unterrichtet wurde. Da der Sand für ihren Rolli etwas zu schwerläufig war, übten wir den Dialog auf dem Hofgelände. Die Signale lernte Gianna in Windeseile. Sie brannte für das Training und die Pferde gaben ihr ein tolles Feedback. Socio alias Babilein wunderte sich nicht über den Rolli, denn nach meinem eigenen Reitunfall habe ich ihn einige Zeit aus dem Rolli trainiert. Die Zugewandtheit, die er

*Der gelungene Dialog kennt keine Grenzen. Er ist die direkte Verbindung der Herzen.*

*Gib niemals auf, denn das Glas ist nicht nur halb voll, es ist ein wundervolles Glas.*

diesem ihm fremden Menschen entgegenbrachte, war berührend. Die Klarheit der Sprache, wie Gianna sie anwandte, war enorm. Es dauerte wenige Minuten und die beiden hatten eine gemeinsame Spur. Pferde, die gelernt haben zuzuhören, die hören eben zu – und genau das macht das Leben mit ihnen einfach, einfach glücklich.

## Gib niemals auf

Gianna steht mitten im Leben. Die Bindung zu den Pferden gibt ihr Kraft. Sie sagt, dass sie auf den Pferden vergessen kann, dass sie ohne Beine klarkommen muss. Die feine Sprache ist für sie die einzige Form, einen Dialog zu führen. Das Pferd zu überzeugen ist ihr Ausgangspunkt, denn sie kann es nicht überwinden. Wann sie auf ihre Selma selbstständig wird aufsteigen können, das kann ich nicht sagen. Aber Gianna hat Zeit und gelernt, zu warten. Und – sie gibt niemals auf. Für sie ist das Glas nicht nur halb voll, es ist auch ein wundervolles Glas.

**017**
Zum Film: Gianna

## RANDNOTIZEN: SELMA UND GIANNA

**Das Team**
Selma, Westfale, 10 Jahre
Gianna, Para-Reiterin Dressur

**Ausdrucksverhalten**
festgehalten, geschlossenes Maul, wenig Lidschlag, Schweifschlagen, Abwehr

**Funktionskreise/Räumliche Sprache**
- Aktives Angebot
- Raum fordern muss erarbeitet werden

**Der Trainingsweg**
- Ausdrucksverhalten des Pferdes einlesen und adäquat darauf reagieren
- Kommunikation, Ausdrucksverhalten und Spur erlernen
- Vertrauen stärken
- Zeit nehmen und Zeit geben

# ES IST NIE ZU SPÄT

Die Zeit, die wir in das Training mit den Tieren investieren, kann sich wie verlorene oder wie gewonnene Zeit anfühlen. Wenn wir kein gutes Konzept haben und immer wieder denselben Fehler üben, an demselben Thema hängen bleiben, es nicht weiter geht, dann schmerzt die Zeit manchmal sehr. Vielleicht kennen Sie das Gefühl, auf der Stelle zu treten. Als ob da ein Knoten ist, der einfach nicht aufgehen will.

## DAS PFERD ALS REGULATIV

Als Glücksschmied brauchen Sie die Fähigkeit, sich Ihre Fragen selbst zu beantworten. Das objektive Erlesen des Ausdrucksverhaltens ist der eine sehr wichtige Weg, das Einführen einer gründlichen Sprachhygiene der andere. Denn so sind Sie in der Lage, den Dialog mit Ihrem Pferd selbst zu coachen. Also beziehen wir uns immer wieder auf gutes Zuhören und klares Sprechen. Wenn man das liest, dann wirkt es sehr einfach. Und das ist es auch. Schwierigkeiten machen uns immer wieder unsere eigene Wirklichkeit, unsere Gefühle, unser Ehrgeiz, unsere Wut oder Hilflosigkeit.
Bei manchen Teams vergehen Jahre, ohne dass der Eindruck entsteht, sie hätten etwas innerhalb der Beziehung geändert. Manchmal glauben diese Menschen, dass es nun aber auch zu spät sei. Das Pferd sei zu alt, die Probleme säßen zu fest. Manchmal ist die Motivation auch zu schwach. Aber nein: Es gibt kein „zu alt", „zu spät" oder „zu faul", wenn man Glücksschmied sein möchte.
Es gibt nur ein: „Dann fangen wir mal an!" Pferde sind immer wieder bereit, auf Start zurückzugehen, das haben wir bei Herrmann gesehen, sie legen uns Menschen immer wieder ein neues weißes Blatt hin. Wenn wir aber immer wieder dasselbe darauf schreiben, dann müssen wir uns nicht wundern, wenn wir auch immer wieder dasselbe zu lesen bekommen.

### AUS DER PRAXIS

Filou war ein Macho durch und durch und sein Name war Programm. Mit seinen 19 Jahren hatte er sich als gekörter Deckhengst ein paar Verhaltensweisen angewöhnt, die es nicht leicht machten, ihn zu regulieren. Wenn er unter hormonellen Stress kam, dann störte es ihn nicht, in seinen Menschen zu beißen, wenn der ihm nicht aus dem Weg ging, sich auf zwei Beine zu stellen und gezielt mit den Vorderhufen auszutreten, mit seiner Kruppe massiv zu drohen oder zu rempeln. Er machte sich die Welt so, wie sie ihm gefiel. Einen älteren Hengst zu kastrieren, ist leider keine gute Alternative, also machte sich Maureen, die diesen Filou erst mit 18 Jahren zu sich nahm, auf den Weg, um sich Hilfe zu holen.

**Innen sind alle gleich**

Filou war ein Hingucker und trat sehr ausdrucksstark auf. Ein Premium Mini Shetty Hengst, ein Fuchsschecke der Extraklasse. Aber er war steif, von vorn bis hinten, sein Bewegungsablauf wirkte fest und ungelenk.

Es waren viele Baustellen, die sich für Maureen gleichzeitig auftaten, darunter Unerzogenheit und eine mangelnde körperliche Fitness.
Der erste Schritt war, dass Maureen gegenüber diesem Macho ihren Tanzbereich definierte und seine Distanzlosigkeit regulierte. Filou war immer wieder enthemmt in seinem Auftreten und brauchte dringend ein gutes Regulativ. Es war zunächst ein Arbeiten auf räumlicher Ebene. Er durfte einfach nicht so nah an sie heran. Der Funktionskreis Drängen/Bedrängen war so haltlos aufgebläht, dass Filou bei egal welcher Frage sehr schlagfertig mit seinen Antworten war: „Ich kann dich beißen oder treten, such es dir aus!" oder „Platz da, hier komm ich!"
Es war heftige Erziehungsarbeit, die Nähe und Distanz regulieren sollte. Wir übten immer kurze Sequenzen, denn seine Konzentrationsfähigkeit war sehr limitiert. Er war nur kurz online, dann schloss sich das Zeitfenster seiner geistigen Höhe wieder. Also mischten wir ein wenig Longenarbeit mit dem Führtraining. Sowie er eine richtige Antwort fand, z. B. Maureen den geforderten Raum zu geben, ließen wir ihn auf einem kleinen Zirkel austraben. Jedes Mal, wenn der Shetty Hengst zu nah in Maureens Tanzbereich trat, sagte sie freundlich „Na" und begann, ihn mit einer Abwehrbewegung wieder rauszutreiben. Entscheidend war Maureens visuelle Wahrnehmung, ab wann er die Linie ihres Abwehrbereiches überschritt. Das Bild eines Hula-Hoop-Ringes um den Bauch half ihr sehr. Sie lernte, ihren Raum zu halten, was bedeutete, dass sie keinen Zentimeter wegging, diesen Raum um ihren Körper verteidigte. Als das im Halten ging, begannen wir es auch im Gehen. Es brauchte drei Sitzungen und im Ganzen vier Monate, bis Nähe und Distanz aufgeräumt waren und Filou verstand, sich an die Regeln zu halten.

*Gemeinsame Abenteuer, Sport und Spaß ebnen den Weg, um die eigene Vision zu erreichen.*

*Sich den Zugang zum Pferd erarbeiten ist der Anfang.*

*Die Lektionen mit dem Pferd sind das Resultat des Dialoges.*

### Mit den Werkzeugen der HarmoniLogie®

So begannen wir mit der Abgrenzbarkeit als allererste Säule, denn Filous massive, teils aversive Distanzlosigkeit machte jeden Versuch der Ansprechbarkeit und Lobbarkeit zunichte. Es war eine sehr feine und vorsichtige Schulung des gegenseitigen Respekts, der nötig war, damit Maureen sein Coach sein konnte.
Filou glaubte bis zu diesem Zeitpunkt, er hieße „Nein" oder „Lass das". Er hatte keine Ahnung, wie er wirklich hieß. Also begannen wir die nächste Säule zu schulen: die Ansprechbarkeit – seinen Namen. Maureen hatte nun einen eigenen Tanzbereich, einen Raum, in dem sie sich wohl und sicher fühlte. Sie stellte sich neben ihren Hengst und sagte seinen Namen – null Reaktion. Sie sagte freundlich „Na". Das kannte er ja nun bereits vom Raumfordern. Er wendete sein inneres Ohr unmittelbar zu ihr und nahm sie in den Fokus. Nun wiederholte sie den Namen und benutzte diesen auch noch als Lobwort. Um ihm die Lobbarkeit deutlich zu machen, begannen wir nun auch mit dem Raum geben, hatten wir bislang in der räumlichen Sprache doch ausschließlich Raum gehalten oder gefordert. Das war für ihn neu. Zudem lernte Maureen, seine Lieblingsknubbelstellen zu suchen und zuverlässig zu finden. Für Maureen war es ein wenig ein Drahtseilakt, die Lobbarkeit zu üben, denn die bewirkte auch sehr schnell wieder eine Distanzlosigkeit seinerseits. Er musste lernen, dass er sie, wenn sie ihn lobte, nicht gleich beißen oder ansteigen sollte. „Halt ihn auf Abstand und lobe weiter." So war die Spielregel hier: Ich darf in deinen Tanzbereich, du aber nicht in meinen. Das musste erst einmal in seinen hübschen Kopf.

### Vier Säulen und drei Aspekte

Maureen übte fleißig, sie brannte für dieses Training und ihren Hengst. Sie arbeitete die vier Säulen, sie schulte die drei Aspekte. Sie erinnern sich: prompt, freundlich und korrekt. Filou wurde longiert und sie ging mit ihm spazieren. Das machte beiden zunehmend Freude, denn sie begannen, miteinander kleine Abenteuer zu erleben. Filous Körper wandelte sich. Er wurde schlank und muskulös.
Nach einem halben Jahr hatte Maureen die Säulen und die drei Aspekte fertig erarbeitet. Nun konnten wir beginnen, Lektionen zu schulen.

*Bei manchen Pferden kann das Bindungstraining dauern. Es ist entscheidend, dass man niemals aufgibt, den Lachmuskel zu finden.*

## Gymnastik für den Macho

Für uns war es wichtig, diesen kleinen Mann räumlich regulieren und positiv verstärken zu können, bevor wir mit weiteren Lektionen anfingen. Doch dieser Tag war endlich da. Wir hielten uns an die Skala der Ausbildung am Boden. Es ist klug, einem System zu folgen und nicht einfach irgendetwas zu schulen, was einem so in den Sinn kommt. Die Lektionen am Boden bauen genauso aufeinander auf wie die Lektionen unter dem Sattel.

## Logisch mit System

Wenn das Führen und die Spur fertig sind, dann beginnen wir mit dem Kompliment. Dem folgt das diagonale Kompliment und dann arbeiten wir das Knien. Aus dem Knien geht es ins Ablegen. Von dort schulen wir das Flachlegen, dann das Hinsetzen.
All diese Lektionen sind auf dem Prinzip des Funktionskreises „Aktives Angebot" aufgebaut. Das heißt so viel wie: Ich schließe eine Tür, und mein vierbeiniger Partner sucht völlig entspannt und selbstbewusst nach einer offenen Tür. Wenn Sie mit Ihrem Pferd arbeiten, überprüfen Sie, ob genau das der Fall ist – oder ob Ihr Pferd dann nach einem Leckerchen drängelt, aus dem Gleichgewicht kommt oder unter Stress gerät. Ist dem so, dann korrigieren Sie erst die innere Haltung, entschleunigen Sie das Training, holen Sie sich

— die Lobbarkeit,
— die Ansprechbarkeit,
— die Störbarkeit,
— die Akzeptanz der Hilfen.

So können Sie erreichen, dass Ihr Pferd nicht schnell eine Vielzahl von Lektionen hektisch abspult, sondern die Lektionen, die es gelernt hat, auch besonders würdevoll und erhaben präsentiert. Filou sorgte dafür, dass wir langsam machten. Er wurde schnell hektisch, schlug mit dem Kopf, tapste mit seinen kleinen Beinen in Höchstgeschwindigkeit hin und her. Je ruhiger Maureen arbeitete, je klarer sie die Räume verwaltete, je standhafter sie wurde, umso leichter fiel es dem kleinen Hengst, sich zu konzentrieren und mitzuarbeiten.

**018**
Zum Film: Filou und Maureen

### Kleine große Persönlichkeit

Mit kleinen Pferden ist das manchmal wie mit kleinen Hunden: Menschen neigen dazu, sie nicht so richtig ernst zu nehmen, sie ständig zu verniedlichen und dafür aber über Kraft zu regulieren. Häufig sorgt allein diese Tatsache dafür, dass kleine Pferde eher garstig sind und schnell Abwehrverhalten zeigen. Schauen Sie einmal genau hin. Wenn Ihr Pferd den Kopf wegzieht, zum Beispiel um zu grasen – ziehen Sie dann am Strick oder Zügel und holen sich unter Kraftaufwand den Kopf wieder zurück? Wenn ja, was können Sie besser machen? Lernen Sie, Ihren Raum zu halten, geben Sie nicht nach, ziehen aber auch nicht zurück. Und nun besinnen Sie sich auf die vier Werkzeuge. Sprechen Sie Ihr Pferd erst einmal mit dem Namen an. Versuchen Sie, auch wenn Sie sich sicher sind, dass es nicht funktioniert, dennoch Ihr Pferd über die Ansprechbarkeit zu orientieren. Und dann, wenn es nicht reagiert, wechseln Sie einfach von Plan A auf Plan B. Halten Sie weiter den Raum und beginnen nun zu stören. Erst das Warnsignal „Na" und dann einen kleinen Impuls mit dem Ende des Strickes an Ihre eigene Jacke. So lange und so intensiv, bis Ihr Pferd aufwacht und Sie wahrnimmt. Nun sagen Sie wieder den Namen Ihres Pferdes, geben Raum und loben, bis das Lob wirkt. Dieser Ablauf, „Plan A und Plan B" (siehe Seite 37) kommt ohne Kraftaufwand, ohne Strafe und auch ohne laute Worte aus. Er schafft Respekt und Vertrauen gleichermaßen.

### Überzeugen und nicht überwinden

Wir achteten bei unserem Macho sehr darauf, dass Kraft keine Rolle spielen durfte. Maureen wollte Filou überzeugen und nicht überwinden. Und das zahlte sich aus: Nach einem Jahr Training schaffte sie sich einen Sulky an, begann mit der Freiarbeit und schulte diesen wunderschönen Hengst am Fahrrad. Sie förderte gezielt seine Fitness, seine Zufriedenheit, seine Umgänglichkeit.

### Die Glücksspirale

Maureen drehte die Glücksspirale für ihr Pferd so, dass sich das Glück vermehrte. Sie holte einen fast 20-jährigen unerzogenen Deckhengst, der struppig und ohne Muskeln, dafür aber randvoll mit bad habits war, und verwandelte ihn in einen Vorzeige-Gefährten. Sie hat, wie viele andere unserer Schüler auch, bewiesen, dass es nie zu spät ist, sich auf den Weg zu machen, und dass man immer und zu jeder Zeit seines Glückes Schmied ist.

---

**RANDNOTIZEN:**
**FILOU UND MAUREEN**

**Das Team**

Filou, Mini Shetty-Deckhengst, 20 Jahre
Maureen, leidenschaftlich ponyverliebt

**Ausdrucksverhalten**

Festgehalten im ganzen Körper

**Funktionskreise/Räumliche Sprache**

- Distanzlosigkeit
- Offensives, aversives, zum Teil auch aggressives Drängen/Bedrängen
- Mangelhafte körperliche Fitness, eingeschränkte Konzentrationsfähigkeit

**Der Trainingsweg**

- Ausdrucksverhalten des Pferdes einlesen und adäquat darauf reagieren
- Definieren, erkennen und sichern der Räume
- Grundlegendes Schulen der vier Säulen und drei Aspekte
- Raum, Richtung und Regulativ erklären
- Komfortzonentraining bei Einhalten der Räume
- Führen, kommunikatives Longieren, Spazierengehen, Fahrradfahren für mehr Fitness
- Hand- und Bodenarbeit, Freiarbeit, Kompliment und Ablegen

---

# IN MEINER GLÜCKSSCHMIEDE: BERTI

Die HarmoniLogie® ist ein System, mit dem wir nicht nur Pferde schulen. Sie haben viel über die vier Säulen, die drei Aspekte der Antwort gelernt, verstanden, das Ausdrucksverhalten zu erlesen und Ihrem Pferd objektiv zuzuhören. Es sind sechs Funktionskreise, in die wir das erlesene Verhalten einsortieren, und Sie können nun entscheiden, ob Ihr Pferd mehr Komfortzonentraining, mehr oder weniger Raum braucht und wie Sie Spur erzeugen können. Die HarmoniLogie® ist auch ein System, das sicher ist, das den Erfolg garantiert, für Sie und für Ihr Pferd.

## LIEBLINGSMENSCH SEIN

Bei all dem geht es immer wieder um Vertrauen, um echte Bindung und die tiefe Verbundenheit zu Ihrem Pferd. Häufig entstehen Missverständnisse einfach, weil wir Menschen zu schnell sind in der Ausbildung, weil wir zu oberflächlich sind im Dialog, zu hart werden in unserer Hilflosigkeit. Bei all dem verbindet Sie, liebe Leser, mit mir als Autorin ein Wunsch: „Ich will dein Lieblingsmensch sein." Wir wollen auch dem Pferd gefallen, wir wollen alles richtig machen, wir wollen uns, das Team und natürlich auch die Leistung optimieren. Gelernt haben Sie, dass es

— das Bindungssystem ist, welches Sie als Team stark macht, das Pferd befähigt, Stressoren zu verarbeiten,
— die Sprachhygiene ist, die Missverständnisse vermeidet und beseitigt,
— die körperliche Auslastung ist, die Glück erzeugt.

Wie häufig stehen Menschen vor einem Pferd und wollen von Anfang an alles richtig machen, und wie oft gelingt dieser Ansatz nur in Teilen.

### JOBPROFIL FÜR EIN PFERD

„Ist Rappe, kann Schimmel werden." Jan, mein Mann, hatte das Tablet in der Hand und setzte sich zu mir ans Bett. Es war eigentlich zu früh, um klar zu denken. Keine Ahnung, warum mein Mann morgens um 5 Uhr das Bett verlässt, um in Pferdeanzeigen zu stöbern. Aber diese Aussage regte mein vegetatives Nervensystem so an, dass ich in Bestzeit aus den Federn kam. „Und Abstammung?" „Belantis/Likotus XX." Es handelte sich um ein Westfalen Fohlen mit einer wunderbaren Abstammung. „Wo?" Um diese Zeit bin ich noch ein Sparfuchs, wenn es um Worte geht.
Am selben Abend betraten wir die wunderschöne Anlage des Züchters Rolf Schettler. Mein Jobprofil für das Pferd: Für unsere Show und ebenso für unseren Dressursport sollte er sein. Ein klares Ziel hatte ich vor Augen, und sein Ausdruck sowie Gangvermögen versprachen beides. Sein Auftreten zog mich sofort in seinen Bann. Er war wach, frech und sanft zutraulich zugleich. Ich spürte, dass ich genau dieses Pferd an meiner Seite haben wollte, womit alle Beteiligten sehr einverstanden waren.

### BEST OFF ... BERTI!

Wir tauften ihn Best off Krüger-Degener, doch er behielt seinen Spitznamen Berti als Rufnamen, und er zog zum Herbstanfang bei uns ein. Nach einer Gewöhnungsphase mit unserem guten Onkel Socio, dem

Lusitano, der sich immer zauberhaft um die Neuankömmlinge kümmert, ließen wir beide zusammen auf die Weide. Berti trabte los, und sein Erscheinungsbild glich einem Appenzeller Sennenhund. Den Schweif hielt er steil in den Himmel ragend und über dem Rücken aufgerollt. Den Kopf trug er oben auf dem „Ausguck" und die Beine sowie der Rücken waren steif und fest. Ohne Lidschlag, es wirkte auch, als hätte er keine Atmung. Das Ausdrucksverhalten war ein einziges Spannungsfeld. Und genau dem sollte ich auch immer wieder begegnen.

## BERTI WIRD ZWEI JAHRE

Berti brauchte wirklich lange für sein Größenwachstum. Diese Zeit nutzen wir immer für alles, was das Reiten vorbereitet, und für die gesamte Bodenarbeit. Berti lernte jeden einzelnen Schritt. Mit zwei Jahren waren die Lektionen am Boden geschult – Führen, Kompliment, Ablegen, Longieren (kommunikativ und klassisch) – und das Anreiten vorbereitet. Er war und ist ein sehr reizoffenes Pferd, welches ein dünnes Nervenkostüm und zeitgleich eine unfassbar hohe Reaktionsgeschwindigkeit hat. Nun hatte er noch ein Jahr, um sich in Ruhe auszuwachsen, bevor wir mit dem Reiten beginnen wollten. Er verbrachte immer wieder viel Zeit nur auf der Weide mit seinen vierbeinigen Freunden.
Doch seine Reizoffenheit stellte uns auch im täglichen Umgang immer wieder vor Aufgaben. Ein Sonnenschirm, eine ungewöhnlich abgestellte Schubkarre oder ein um die Ecke sausender Hund konnten seine Spannung in die Höhe treiben. Meine Aufgabe war es immer wieder, seinen Fokus auf mich zu lenken. Meist gelang mir das mit der Ansprechbarkeit. Manchmal musste ich auch beginnen, deutlich Raum zu fordern, damit ich das Steuer über Raum und Zeit in meinen Händen halten konnte. Bei all dem wurde mir sehr klar: Wenn ich dieses Pferd für meinen Job gewinnen wollte, mehr noch, von mir überzeugen wollte, konnte das nur mit einer guten Struktur, ruhiger Konsequenz und auch mit sehr vielen und großen Komfortzonen gelingen.
Sein Fehlverhalten, sein Aus-der-Spur-springen, zeigte Berti nicht, um mich zu ärgern. Das war mir klar – dennoch ärgerte es mich manchmal enorm. Ich spürte, dass das Gleichmaß aus Kritik und Lob schnell ins Wanken zu geraten drohte. So nahm ich gern den Auftrag an, das Bindungssystem zu stärken und ließ mich sehr intensiv auf das Training der Lobbarkeit ein. Ich ging immer wieder zu ihm auf die Koppel, in die Box oder betrat mit ihm die Halle, nur um nach seinen Lieblingskraulstellen zu suchen.

*Berti hat zweijährig bereits das Ablegen gelernt. Es ist gut, mit jungen Pferden das Lernverhalten zu üben, um sie auf ihr späteres Leben vorzubereiten.*

## BERTI WIRD DREI JAHRE

Es war langsam so weit, dass ich über das Anreiten nachdenken konnte. Hier war Berti unkompliziert und vertraute mir sehr, was ich der gründlichen Vorbereitung sowie der ehrlichen Genetik zuschrieb. Nur den Galopp konnte er nicht halten. Er sprang immer wieder mit den Hinterbeinen um und verlor das Gleichgewicht. Er brauchte noch mehr Zeit und Kraft, um diese Anforderung leisten zu können. Sein Stockmaß war gerade mal bei 165 cm und ich befürchtete, dass mein Berti zu klein für mich sein würde.

Die vier Säulen waren fertig, das Führen, Longieren, Kompliment, Verladen, Ablegen und Anreiten. Er war mir sehr zugewandt und ich bemerkte, dass er immer angelaufen kam, wenn er mich irgendwo erblickte. Er hatte weiterhin schnell eine hohe Spannung, ging im Schritt zu Beginn kurz-lang (eine unrhythmische Fußfolge im Viertakt) und hielt häufig den Rücken fest. Beim Reiten war es nicht leicht, ihn zu lösen. Die Anlehnung machte ihm große Mühe, und wenn es Stressoren von außen gab, dann konnte er sich auch das Gebiss schnappen und einfach davonrasen.

*Die Freiarbeit ist eine wunderbare Bereicherung innerhalb der Partnerschaft.*

Ich war mir in der Zeit zwischen seinem dritten und vierten Geburtstag überhaupt nicht sicher, ob ich meine Ziele mit diesem Pferd erreichen würde. Ja, schick war er, aber etwas klein, und die hohe Spannung machte mir einfach immer wieder Probleme. Ich beschloss, die Zweifel noch ein Jahr nicht zu beachten und weiterzumachen, ihn viel mitzunehmen, wenn wir zu Veranstaltungen fuhren. In Tarmstedt, auf einer großen landwirtschaftlichen Messe, waren wir mit einem umfangreichen Programm vertreten und hatten sehr viele Tiere dabei. Wir bekamen ein eigenes Stallzelt, das auf Grünland aufgebaut war. Herr Berti beschloss, in seiner Box zu graben – und während wir eine Show ritten, schaffte er es, ein ein Meter tiefes Loch zu buddeln. Die Energie, die dieses Pferd hatte, war unbeschreiblich. Es war schwer, die Zweifel immer wieder zu unterdrücken und an meinem Ziel festzuhalten. Berti konnte wie kein anderes Pferd quietschen und schreien, wenn wir andere Pferde vor ihm in den Stall holten. Er sprang mit allen Vieren in die Luft und drehte sich dabei, danach schleuderte er den Kopf hoch und schlug in alle Himmelsrichtungen aus. Es wirkte auf mich wie eine Aggression, fast wie eine Wut, bei der nicht klar war, gegen wen er diese nun richten wollte.

### KRAFT IST NICHTS OHNE KONTROLLE

Ich nahm diese Beobachtungen mit in mein tägliches Training und begann, Berti im Wasser zu arbeiten und am Fahrrad zu schulen. Ich suchte nach Möglichkeiten, ihm zu helfen, seine Kraft zu koordinieren, geregelt freizusetzen und seinen Körper zu benutzen. Bald schon konnte Berti die Freiarbeit, die wir am Boden übten, auch am Rad umsetzen und es wirkte auf mich, als ob diese Art der absoluten Losgelassenheit im wahrsten Sinne des Wortes, kombiniert mit der fleißigen Vorwärtsbewegung, seine Wut löste und zusammen mit dem Wassertraining seine Kraft bändigte. Wir ritten viel ins Gelände und begannen, die Berge hochzuklettern, wir erlebten tolle Abenteuer und es schien, als ob Berti begann, sich auf mich zu verlassen. Im Gelände war er ein Traum: kraftvoll, dynamisch und immer in einem positiven Vorwärts. Solange keine schwierigen Reizlagen entstanden, richtete er sich nach vorn und machte einen guten Job. Schwierig waren nur die ersten Meter, in denen er immer mit seiner Spannung zu kämpfen hatte.

## DER BLICK VON AUSSEN

„Er muss ehrlich dahin gehen, wo du ihn hinschickst!", sagte Johannes immer wieder zu mir. Er ist schon seit über zehn Jahren mein Trainer, ein Mensch, der Pferde züchtet und selbst ausbildet. Er hat einen sehr klaren Blick auf die Dinge, und kann diesen sehr präzise transportieren. Er weiß, wie es sich anfühlt, er weiß, wovon er spricht. Ich brauche diesen Blick von außen immer wieder. Es ist in meinen Augen in der Ausbildung von Pferden unabdingbar, Menschen um sich zu haben, die für beide, für das Pferd wie für den Reiter, Verständnis haben. Ebenso arbeiten Carla und ich immer wieder mit wechselnden Rollen. Niemand kennt mich, meine Philosophie und meine Pferde so gut wie Carla. Ihre Meinung ist so wichtig, ihr Feedback so wertvoll. Ich kann es jedem raten, sich immer wieder diesen Blick von außen zu holen. Und wenn die nötige Kompetenz, die hier wirklich wichtig ist, fehlt, dann lassen Sie sich einfach filmen. Egal, ob Sie am Boden oder aus dem Sattel arbeiten – der Blick von außen bringt Objektivität und Ehrlichkeit in den Dialog mit dem Partner Pferd.

*Das Erarbeiten der räumlichen Sprache bleibt im täglichen Warm-up-Training enthalten.*

## VIELFALT MACHT DAS LEBEN SCHÖN

Es war der richtige Impuls, meinem Berti mit Vielfalt zu begegnen. Ein schlaues, ehrgeiziges Pferd braucht Anforderungen an Geist und Körper. Die Horizonterweiterungen führten jedoch nicht dazu, dass er irgendwann den Sonnenschirm als gut abgespeichert hätte. Nein, er fragte den Sonnenschirm jedes Mal aufs Neue ab, manchmal auch mehrfach. Das schulte mich in der Geduld, sehr konsequent. Sein Liebstes war es, in einer Ecke guckig zu werden, Spannung aufzubauen, dadurch aggressiv abzufußen und den Sand aus seinen Hufen gegen die Bande zu schleudern. Das schepperte, woraufhin er wieder einen Grund fand, Ecken anstrengend zu finden. Nun reiten wir aber nicht im Kreis, sondern im Viereck, und diese Ecken gehören zu unserem Dressurpferdeleben dazu. In dem Moment, in dem ich es mit Humor nehmen konnte, wurde es besser.
Und genau hier wurde ich immer wieder von ihm auf die Probe gestellt. Nicht ich

*Den gegenseitigen Dialog finden, die innere Zugewandtheit erfahren …*

*… und an der gemeinsamen Spur arbeiten ist Bestandteil jeder Begegnung mit dem Pferd.*

persönlich, aber die Hilfen, die ich brauchte, um Signale zu unterstützen. Er begriff schnell die differenzierten Signale, dennoch suchte er ständig nach einer Möglichkeit, aus der Spur zu drücken. Er testete das Außen genauso an wie das Innen. Das ist dem Funktionskreis Drängen/Bedrängen geschuldet, der ihn so groß und prächtig sein lässt, ihm seine Energie verleiht, aber auch seine Aggression. Nun war es an mir, früh genug die richtigen Türen zu verschließen, schneller zu sein als er – und das eben ohne Aggression, denn würde ich ebenso wütend wie er, dann gäbe es immerzu Kampf zwischen uns. Und gewiss wäre ich dabei zweiter Gewinner.
Auch „privat" war Berti immer derjenige, der die anderen Pferde vor sich hertrieb, sie wendete oder anspornte. Nennen Sie ihn dominant, schlau oder einfach nur intelligent. Ehrlich war er dabei immer. Rolf Schettler züchtet wunderbare und ehrliche Pferde, nur dieses war zudem auch noch sehr clever.

## BERTI WIRD VIER JAHRE

Berti war nun 4-jährig. Er bekam noch einmal einen Wachstumsschub, mit dem ich nicht gerechnet hatte, da er immer ausgewogen und harmonisch aussah, also niemals vorn oder hinten überbaut war. Er wirkte immer sehr ausgewachsen. Er legte in dem Jahr von vier- auf fünfjährig ganze sechs Zentimeter zu. Es ist sinnvoll, junge Pferde immer wieder zu messen. Vor diesem Hintergrund war klar, dass dieses Pferd außer seiner Energie auch noch körperliche Baustellen hatte.

### ZIELE STECKEN

Ich verlangsamte das Training und steckte meine Ziele weiter. Dennoch waren wir bereit für einen Turnierstart. Wir investierten Zeit und fuhren schon am Vortag einmal hin, um ihm den Platz zu zeigen. Ich verstand sehr schnell, dass es bei diesem Pferd nicht so sein wird wie „Sattel drauf und los". Er brauchte einfach selbst Zeit, um mit

*»Geduld ist die wichtigste Lektion des Lebens.«*

*Dem Pferd ein Zuhause zu sein bedeutet, dass es gern den Weg zu seinem Menschen sucht. So eine Partnerschaft beinhaltet Freiheit, Bindung und Glück gleichermaßen.*

seinem Adrenalin fertig zu werden. Das Gefühl in der Prüfung jedoch war leicht. Mit seiner Grundspannung trug er sich und mich kraftvoll und leicht durch die Lektionen und hörte mir extrem gut zu. Es war ein echtes gemeinsames Abenteuer, bei dem ich gesehen habe, dass ich mich auf ihn verlassen kann.
Ich glaube, dieses Pferd war in mein Leben gekommen, um mir eine Lektion beizubringen: Geduld. Ich dachte, ich hätte davon genug, aber er definierte sie noch mal neu.

## BERTI WIRD FÜNF JAHRE

Berti war wirklich gut in der Freiarbeit, er hielt aber immer ein wenig zu viel Distanz zu mir. Die Störbarkeit war nun sehr gut gearbeitet, mit einem leisen „Nein, nein, nein“ ließ er sich unmittelbar zum aktiven Angebot wenden. Auch die Arbeit am Boden haben wir abgeschlossen: Liegen, Flachliegen und Sitzen. Fahrradfahren zählte immer noch zu unseren liebsten Unternehmungen. Auf Außenreize reagierte Berti noch sehr sensibel.
Tief und lang, ohne, dass er auf die Vorhand kommt, Tempo rausnehmen, machen, dass er wartet – das waren beim Reiten unsere Themen. Dennoch vor den inneren Schenkel, und dann mit Ruhe den Schritt entwickeln. Dabei war mein Auftrag, immer wieder sein Genick zu öffnen und seinen Hals zu verlängern. Er rollte sich immer wieder auf, knubbelte seinen ohnehin schon kurzen Hals zusammen und hielt sich so einfach fest. Ich arbeitete an der Länge seines Halses, an dem Gehorsam im Maul und dem Gleichmaß seiner Bewegungen. Besonders im Schritt brauchte er noch mehr Losgelassenheit. Seine Verstärkungen und z. B. der Außengalopp waren aber schon sehr sicher. Und wenn ich alles richtig machte und mein Berti sich trug, dann schossen mir häufig Tränen des Glücks in die Augen. Er war stark, gleichmäßig, dynamisch und gab mir so selbstverständlich das Gefühl, ein Teil von ihm zu sein. Diese Momente hatten in der Tat einen enormen Suchtfaktor auf meinen Geist. Die mühelose Kraft in seiner Bewegung, seine Ausbalanciertheit, sein Go nahmen mich mit und der Satz „Das Glück der Erde liegt auf dem Rücken der Pferde“ war dann spürbar.
Wir hatten noch einige Turnierstarts und waren jedes Mal sehr gut platziert. Ich spürte aber, dass ihm noch Kraft fehlte. Er sah zwar aus wie ein Bodybuilder, aber anscheinend reichte diese Muskulatur nicht aus.

## BERTI WIRD SECHS JAHRE

„Er lernt das nie!", schimpfte ich, denn wir hatten einen absoluten Hänger, als wir mit den Galoppwechseln begannen. Er sprang nach, also den fliegenden Galoppwechsel nicht von hinten nach vorn, sondern umgekehrt. Und noch schlimmer war, dass er „heiß" wurde, nicht mehr zuhörte und davonrennen wollte. Es warf mich weit zurück in der Ausbildung.
Ich stellte mir wieder die Regler vor: Tempo, Energie, Anforderung – und drehte das Tempo und die Energie herunter, stellte aber die Anforderung ganz nach vorn ins Training. Kurzes Warm-up, dann frisch an die hohe Leistung. Dennoch, die Wechsel wollten nicht klappen. Ich verließ das Thema und begann mit den halben Tritten. Mein Gefühl war, dass er seine Motorik in der Hinterhand verbessern musste. Diese schulte ich vom Boden an der Hand. Und hier bekam ich dieselben Antworten: „Ich stemme weg und du lässt mich in Ruhe!" Kleinschrittiger und ruhiger wurde ich, und er begann zu verstehen, was ich wollte. Er diagonalisierte einmal – loben, bis das Lob wirkt. Er diagonalisierte zweimal ... Plötzlich ließ er sich auf mich ein.
Nun übertrug ich die Geschicklichkeit aus den halben Tritten in die Wechselarbeit. Er hatte durch dieses Training verstanden, die Kruppe etwas abzusenken und Last aufzunehmen. Das war gegen seine natürliche Idee, die die Kruppe bei Störfaktoren eher hoch in die Luft katapultierte ... Dieses Wissen, diese neue Antwort setzte mein Berti in der Wechselarbeit um. Und von diesem Moment an ging es rasend schnell.

### DAS LÖSEN BEGINNT IM KOPF DES MENSCHEN

Ich merkte plötzlich, dass ich vom Ehrgeiz getrieben war. Ich ließ mich anschirren von meinen Zielen, die zu dieser Zeit nicht zu ihm passten. Ich hatte das Bindungstraining vernachlässigt, so konzentriert war ich auf diese neue Lektion. Ich schämte mich ein wenig, als ich es merkte, und begann von diesem Moment an, deutlich intensiver an der Lobbarkeit und unseren kleinen Spielereien zu arbeiten.
Ich stellte mein Training wieder einmal um, passte es ihm an. Die Lobbarkeit bekam den größten Stellenwert. Und damit meine ich in der Tat nicht, dass ich einfach ständig drauflos lobe, sondern ich habe der sozialen Fellpflege deutlich mehr Zeit eingeräumt. Dann habe ich zwei Drittel des Trainings dem Lösen gewidmet. Das sah so aus: lange tief und lange Schritt reiten, währenddessen den Schenkelgehorsam und die Losgelassenheit im Genick ansprechen, lange tief und lange auf gebogener Linie Leichttraben, dabei aber das Hinterbein regelmäßig zum Fleiß auffordern, dann wieder lange Schritt reiten. Es folgte eine ausgiebige Galopparbeit, bei der das Zulegen und Aufnehmen den Löwenanteil bekamen, die einfachen Wechsel, der Außengalopp und die Volten den geringeren Anteil. Die fliegenden Wechsel ritt ich nur, wenn der Galopp tatsächlich gut dafür, also ausreichend auf dem Hinterbein, und das Genick wirklich gelöst war.
Berti ist im Geist ein Porsche, schnell und schlagfertig, im Körper aber eher ein Diesel. Er braucht lange, bis er warm wird, und je wärmer er wird, umso besser passen Körper und Geist zusammen. Das zu verstehen und konsequent umzusetzen, hat er mir erklärt.

*»Nur wenn wir uns in Frage stellen, können wir für das Pferd handeln.«*

*Lektionen, die leicht aussehen, bestehen oft aus vielen einzelnen Schritten, die nicht mehr sichtbar sind.*

Die Fuchsstute Violetta funktioniert genau andersherum: Sie ist zu Beginn am besten. Je wärmer sie wird, umso schneller macht sie Fehler. Auch bei diesem Pferd mussten wir ein sehr individuelles Lösen erarbeiten. Bei ihr war es klug, die schwierigen Fragen zu Beginn des Trainings, selbstverständlich nach einem guten Warm-up, zu stellen. Finden Sie heraus, welches Warm-up, welches Lösen Ihr Pferd braucht. Arbeiten Sie mit Intervallen, schauen Sie auf die Uhr, und machen Sie sich Notizen über Ihre Wahrnehmungen. Bauen Sie Rituale mit ein, die Balsam sind für die Seele und den Körper, hören Sie Ihrem Pferd im Training zu und lassen Sie seine Vorlieben mit in Ihr Programm einfließen.

## MEIN BERTI

Er ist ein Typ, ein Charakter, er ist wunderschön und unfassbar stark. Er fordert mich auf allen Ebenen. Und wenn ich vor ihm stehe, ihn anblicke, dann spüre ich es, dieses Gefühl, dass ich sein Lieblingsmensch sein möchte. Ich will sein Freund sein, sein Zuhause. Er hat mir so viel beigebracht: zu warten, über Umwege ans Ziel zu kommen und Umleitungen mit einzuplanen, leiser, klarer, genauer zu werden. Er hat bewiesen, dass mein Weg, Aggression eben nicht mit Aggression zu begegnen, der richtige ist; und dennoch hat er mich auch immer wieder zweifeln lassen und mich dazu gebracht, mich selbst in Frage zu stellen, um wieder zurück zu mir zu finden.

## MUT

Wo stehen Sie in Ihrer Glücksschmiede? Welche Fragen haben Sie dazu gebracht, sich umzuorientieren, auf Reset zu drücken, Umwege zu wählen? Welche Funktionskreise, welches Ausdrucksverhalten und welche Dynamik haben Ihr Training dominiert? Es ist das Ziel dieses Buches, Ihnen Mut zu machen, sich über den Dialog bewusst zu werden. Jedes Pferd ist ein individuelles Kunstwerk. Und es kann nur schöner werden, wenn der Glücksschmied, der es begleitet, die Werkzeuge beherrscht, mit Empathie und auch durchaus mit Selbstzweifeln, sowie mit dem unermüdlichen Bestreben, Sorgfalt in seiner Tätigkeit walten zu lassen. So wie jeder Schmied sollen auch Sie lernen, kreativ zu werden, auch mal Umwege zu wagen, sich Fristen zu setzen und den Blickwinkel zu verändern.

# WENN PFERDE UNS VERTRAUEN — *hat das Glück einen Namen*

uvex

# IM EINVERSTÄNDNIS MIT DEM PFERD

Es hört sich so schön an: im Einverständnis mit dem Pferd, im Einklang mit dem Pferd, in Harmonie ... Schauen wir einmal ehrlich hin: Viele Dinge im Leben eines Pferdes geschehen gänzlich ohne sein Einverständnis. Hätte es die Wahl, würde es seine echte Einwilligung niemals geben. Wir müssen es überzeugen, manchmal auch austricksen, damit es das tut, was wir wollen. Kein Fohlen lässt sich freiwillig und gern anbinden, geht freiwillig zum Schmied, verlässt freiwillig seine Mutter, seine Familie, seine Herde und kommt später frei und ungezwungen zum Reiter und bittet darum, sich reiten oder fahren zu lassen. Objektiv betrachtet wird ein Pferd immer wieder einmal gezwungen, in den Diensten des Menschen zu arbeiten, sei es in Freizeit, Sport oder Beruf. Das müssen wir auch nicht schönreden, es geht nur darum, zu definieren, was wir mit „Einverständnis" meinen und wie wir es hinbekommen, uns eben dieses einzuholen.

Es ist leicht, am Ausdrucksverhalten des Pferdes abzulesen, wenn wir dieses Einverständnis definitiv nicht haben. Meist kommt es zu Spannungen, zu Blockaden, zu Wutanfällen. Hektik und Stress entladen sich. Pferde blockieren, Pferde werden groß, stramm, aggressiv, ob offensiv oder defensiv. Das sind die großen Aufschreie der stillen Leider. Sie sagen eben nicht, wo der Schuh drückt, sie sind still in ihrem Unwohl.

Nun haben Sie aber bereits gelernt, das Ausdrucksverhalten wahrzunehmen und genau hinzuschauen. Sie haben gelernt, dem Pferd zuzuhören. Genau hier setzt die HarmoniLogie® an: Sie schult die Menschen, genauer, noch viel genauer hinzuschauen und all die Signale wahrzunehmen, die vor einer Wut entstehen. Die HarmoniLogie® entschleunigt den Dialog und intensiviert die Argumente. Als Glücksschmied können Sie nicht nur das erlesen, was da ist, sondern auch das, was nicht da ist, was ausbleibt. Sie haben Ihre Sinne geschärft und es geschafft, sich in die Metaebene zu begeben, um aus dieser Distanz den Dialog mit dem Pferd objektiv und sachlich zu führen.

*Leise und behutsam geben Pferd und Reiter aufeinander Acht.*

# VERLADETRAINING

Ich möchte Ihnen Ihre Tätigkeit als Glücksschmied am Beispiel des Verladens beschreiben. So bekommen Sie einen guten Überblick über die Sicht der Pferde, die dreidimensionale Sprache sowie das Erarbeiten des Einverständnisses.

## MIT SICHERHEIT ZUM ERFOLG

Es gibt Menschen, die bekommen alleine bei dem Gedanken, ihr Pferd verladen zu müssen, Schweißausbrüche. Und es gibt Pferde, die lassen sich beim Anblick des vorfahrenden Anhängers nicht mal mehr aufhalftern. Das ist eine Situation, die mit Einverständnis gar nichts mehr zu tun hat. Unabhängig davon, dass es lebensnotwendig sein kann, ein Pferd einmal schnell in eine Klinik bringen zu können, ist Verladen ein Teil der Grundausbildung des jungen Reitpferdes und gehört als Trainingselement unzweifelhaft auf seinen Stundenplan.
Für ein Pferd gibt es absolut keinen Grund, in eine klappernde, wackelige, enge Box zu gehen, aus der es offensichtlich keinen Ausweg gibt. Als Fluchttier muss es immer eine offene Tür wahrnehmen, damit das Bedrohungssystem nicht eskaliert. Wenn es dann auch noch von Artgenossen isoliert ist, kann ein solcher dunkler Kasten ein Höchstmaß an Bedrohung darstellen. Es ist eine von vielen Situationen im Leben eines Pferdes, in denen es einfach keinen Sinn für eine bedingungslose Kooperation erkennen wird. Wir Menschen können mit unserer komplexen Sprache dem linearen Verstand des Pferdes diesen Sinn auch nicht mit den besten Argumenten erklären. Es muss den Weg in den Anhänger als Lösung erkennen, und innerhalb des Transportmittels eine Komfortzone wahrnehmen. Im besten Fall entdeckt es den Weg hinein als eigene Idee, dann wird die Stressbelastung deutlich minimiert.

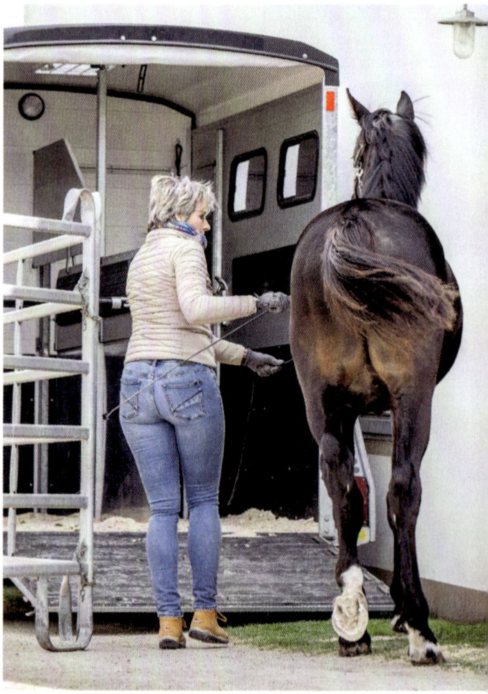

*Verladen soll zur eigenen Idee des Pferdes werden.*

## RICHTIG ÜBEN

Parken Sie Ihren Anhänger an einer seitlichen, stabilen Begrenzung. Machen Sie den Motor aus. Befestigen Sie an der noch offenen Seite des Hängers ein stabiles Gatter, ein weiteres am Ende der Seitenbegrenzung, um alles wie eine Art Pferch verschließen zu können. Tragen Sie gute, feste Schuhe, keine Sporen, sichere Handschuhe und rüsten Sie Ihr Pferd mit Arbeitsgamaschen (sofern es diese bereits kennt) und einem stabilen, sicheren und gut verschnallten Halfter aus. Die Vorbereitung für das Verladetraining ist das Führen. Hier hat das junge Pferd bereits die dreidimensionale Sprache (Seite 54) erlernt und verstanden, dass der Mensch aus der Schulterposition arbeitet. Ebenso hat es bereits die Lobbarkeit und auch die Abgrenzbarkeit gelernt. So kann es damit umgehen, wenn der Mensch seinen Raum hält bzw. Raum fordert. Durch die Lobbarkeit kann es mit dem Komfortzonentraining etwas anfangen und durch die akustischen Signale weiß es bereits den treibenden Impuls zu verarbeiten. Sie sehen, dass die Basis der Glücksschmiede nun richtig nützlich ist.
Bitte sorgen Sie dafür, dass eine zweite Hilfsperson Sie unterstützt und dass es möglichst keine Stressfaktoren in der Umgebung gibt: keine vorbeidonnernden Fahrzeuge, spielende Kinder oder freilaufende Hunde. Schaffen Sie ein ruhiges, sicheres Klassenzimmer und ermöglichen Sie Ihrem Pferd, die gestellte Aufgabe sicher zu absolvieren. Und nun stecken Sie sich noch eine Extraportion Zeit in die Taschen. Manchmal braucht man sie, manchmal nicht.

### DIE WELT AUS PFERDESICHT

Bringen Sie in Ruhe Ihr Pferd in den Vorpferch. Lassen Sie diesen von hinten vorsichtig schließen und geben Ihrem Pferd Zeit, diese Situation zu erfassen. Halten Sie

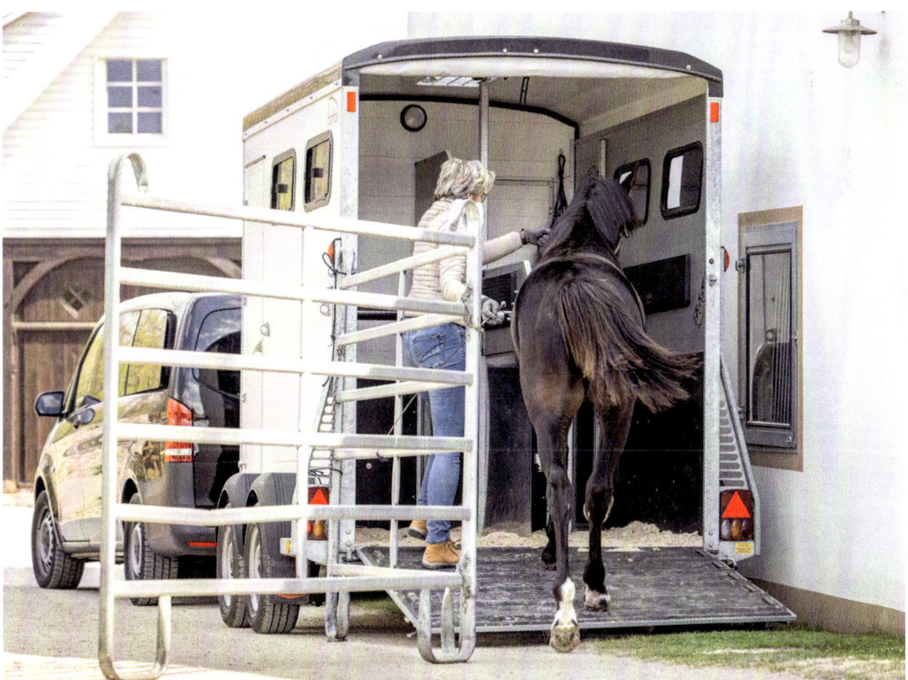

*Hierfür braucht es Richtung, Raum, Regulativ, Motivation und Sicherheit – aber niemals Druck.*

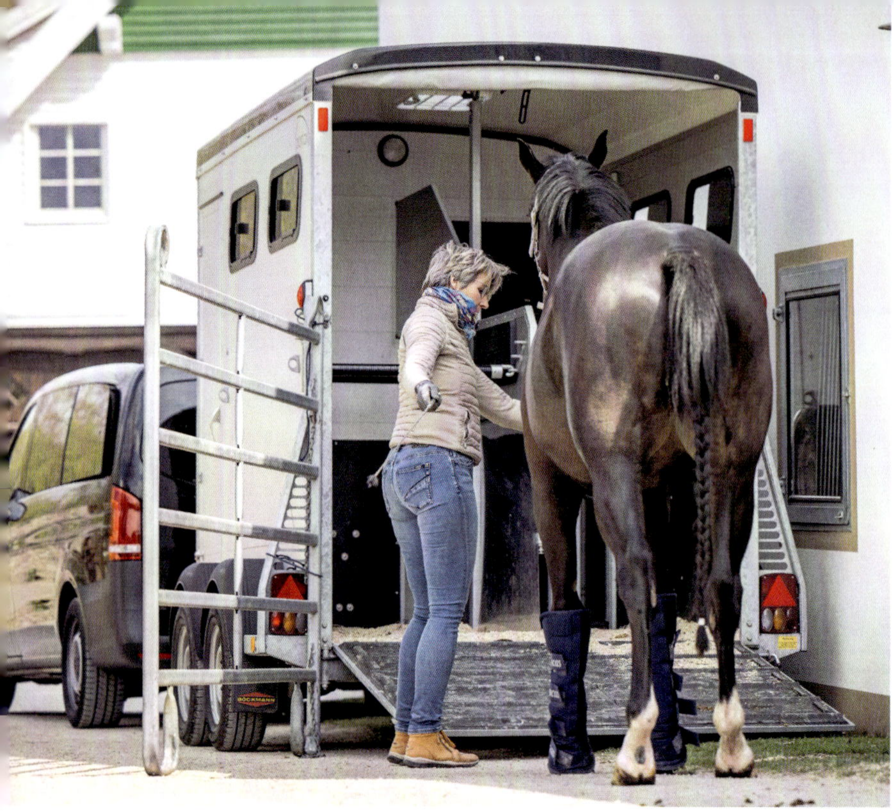

*Mit dem sicheren Außen kann das Pferd lernen, sich für den richtigen Weg zu entscheiden.*

Ihren Raum, Ihre Spur und vermeiden Sie es, dass das Pferd sich dreht oder wendet. Warten Sie einen kleinen Moment, bis das Pferd alle Möglichkeiten visuell erfasst hat. Beginnen Sie mit dem Training der Lobbarkeit. Nicht immer können wir eine adäquate Reaktion auf das Komfortzonentraining erwarten, aber wir sollten es dennoch anbieten. Ihre wichtigste Aufgabe ist es aber weiterhin, die Spur und den Raum zu halten, den Kopf des Pferdes in Richtung Anhänger zu orientieren und Ruhe zu bewahren.
Am besten funktioniert das Verladetraining immer dann, wenn die Menschen unehrgeizig und entspannt sind. Ihr Ziel sollte es in der ersten Sitzung nicht sein, dass Ihr Pferd sofort auf den Hänger geht. Ihr Ziel sollte es vielmehr sein, dass Sie die vier Säulen der HarmoniLogie® in Ruhe auch in einer Situation wie dieser arbeiten können. Nur dann können Sie Ihrem Pferd Halt und Sicherheit geben. Haben Sie Verständnis für das Bedrohungssystem, welches in Ihrem Pferd aktiviert wird, und stabilisieren Sie das Bindungssystem.
Wenn Sie Ihr Pferd nun betrachten, dann kann es sein, dass Sie folgendes vorfinden: Ihr Pferd hat keinen Lidschlag, hält die Luft an, das Maul ist zusammengepresst, der Kopf ist oberhalb der Waagerechten, der Rücken ist fest, das Ohr ist nach hinten gerichtet, der Unterhals ist fest. Geben Sie sich und dem vegetativen Nervensystem Zeit, die Situation zu erfassen. Das Auge des Pferdes nimmt nun die Begrenzungen wahr und erstellt Berechnungen über mögliche Fluchtwege. Da rundherum alle Türen zu sind, ist die einzige offene Tür der Weg in den Anhänger. Aber dafür fehlt noch das Einverständnis.

## RESPEKT UND VERTRAUEN

Die Balance zwischen den beiden wichtigsten Komponenten in der Tierschule, Respekt und Vertrauen, ist entscheidend. Den Respekt brauchen wir nun im „Raum halten". Manch-

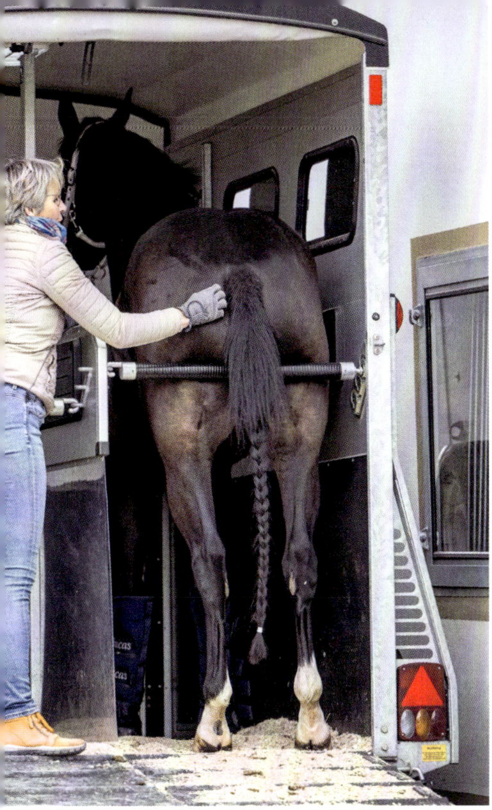

*Üben Sie in Ruhe, ohne Zeitdruck.*

mal ist es gar nicht so einfach zu verhindern, dass das Pferd sich dreht und wendet, wie es will. Es muss meinen Raum respektieren, es darf mich nicht umschubsen, es darf meine Eisscholle nicht betreten. Ein anderes Pferd könnte es auch nicht einfach schubsen oder zur Seite drängen. Ebenso darf es nicht nach außen wegziehen, es muss die Begrenzung respektieren. Das Vertrauen aber ist der Teil, der die Gesprächsbereitschaft erhält, der dem Pferd Sicherheit gibt und es mir gegenüber entspannt.

Stelle ich nun fest, dass weder Respekt noch Vertrauen in ausreichender Form vorhanden ist, dann wäre genau das meine erste Aufgabe. Sie sollten als angehender Glücksschmied immer bedenken, dass wir erst das DAS, dann das WIE bearbeiten. Stellen Sie sich die Frage, ob Sie Ihr Pferd nur einfach schnell verladen wollen, oder ob Sie nachhaltig die Struktur des Lernmusters und eben das Gleichgewicht aus Vertrauen und Respekt im Fokus haben.

## DIE EIGENE IDEE

Sie haben nun ein Setting geschaffen mit einem sicheren Außen, und stellen selbst ein weiches Innen dar. Sie erinnern sich an die Grundstruktur der Bindung (Seite 94). Wenn in Ihrem Kopf jetzt nicht der komplexe Vorgang des Verladens, sondern der lineare Dialog mit Ihrem Pferd Priorität hat, dann bekommt Ihr Pferd innerhalb dieser Situation die Möglichkeit, die Lösung von allein zu finden. Meist ist es jedoch andersherum: Der Mensch möchte unbedingt verladen, das Außen um den Anhänger ist offen, das Innen (also der Mensch neben dem Pferd) ist angespannt. Warum soll dieses Pferd nun ausgerechnet sein Einverständnis geben, genau diesen Weg in den Anhänger zu wählen und nicht daran vorbei? Soll das Einsteigen in ein Transportmittel für das Pferd zur eigenen Idee werden, dann muss das Pferd auch die Möglichkeit bekommen, diese Idee zu entwickeln. Ist es die eigene Idee des Pferdes, dann ist es stressfrei und nachhaltig.

## BESSER RECHNEN ALS EIN PFERD

Technisch soll es so aussehen, dass Sie Ihr Pferd in den Hänger schicken, während Sie daneben stehen bleiben und Ihrem Vierbeiner sagen können, dass er in Ruhe hinein geht und dort wartet, bis Sie die Stange gesichert haben. Dies ist in jedem Fall der sicherste und auch bequemste Weg, Pferde zu verladen. Es funktioniert, wenn Sie es schaffen, die offenen Wege klug zu verschließen und den gewünschten Weg deutlich zu öffnen. Es ist leicht, wenn Sie die Lauf- und Fluchtwege, die Ihr Pferd im Blick haben könnte, verschließen können, bevor Ihr Pferd sie im Blick hat.

## DER DIALOG

Noch stehen Sie neben Ihrem Pferd im Vorpferch. Beginnen Sie das Ausdrucksverhalten zu lesen. Lassen Sie sich Zeit dafür. Beobachten Sie das Maul, die Atmung, die Nüster, das Auge, das Ohr. Können Sie die Blickrichtung erkennen? Schaut Ihr Pferd in den Anhänger oder orientiert es sich nach außen oder hinten? Solange Ihr Pferd nach hinten schaut, brauchen Sie noch keine weiteren Fragen zu stellen. Warten Sie und beginnen Sie mit der Lobbarkeit. Schaffen Sie eine Komfortzone und das Gefühl von Zeit. Interessiert sich Ihr Pferd für den Anhänger, dann lassen Sie das zu, verhindern aber bitte während der ganzen Zeit, dass Ihr Pferd sich dreht. Es muss den Raum neben Ihnen halten. Das ist entscheidend. Und nun schauen Sie auf den Lidschlag. Erst, wenn Ihr Pferd wieder Lidschlag hat, sich beruhigt und den Blick nach vorne richtet, können wir mit der Aufforderung „Und an" das Pferd bitten, sich in Bewegung zu setzen.

## DAS PFERD SOLL WOLLEN WOLLEN

Diese Übung kennt es aus dem Führen. Meist funktioniert das sogar für einen Schritt, aber dann kommt die Verladerampe gefährlich nah. Alles stockt, die Bewegung, der Atem, der Lidschlag. Also warten Sie bitte wieder.

Wahrscheinlich wird Ihr Pferd jetzt wieder rechnen – nicht nach vorn, sondern nach hinten, Richtung Fluchtweg. Dabei wird es feststellen, dass das Außen zu ist. Dann erst wird es sich wieder nach vorn orientieren. Sie bleiben ganz ruhig neben Ihrem Pferd und halten den Raum. Auch Ihre Blickrichtung sollte immer wieder in den Anhänger gehen, Ihre Achse sich der gewünschten Richtung zuwenden. So langsam, wie sich das hier liest, fühlt es sich auch in Echtzeit an. Und soll ich Ihnen etwas sagen? Es lohnt sich. Denn es herrscht eine wunderbare Ruhe, Sie sind mit Ihrem Pferd im Dialog und schaffen etwas sehr Nützliches. Sicher können Sie auch stundenlang mit Ihrem Pferd vor dem Hänger kreiseln, vor und zurück kämpfen, schimpfen, fluchen und am Ende Hilfe holen. Da verbrauchen Sie noch mehr Zeit und auch noch mehr Kalorien. Zudem würden Sie mit Ihrem Pferd üben, auch am Hänger vorbeizukommen, und ihm erklären, dass es der Stärkere sein kann.

## INTELLIGENZ UND KOMMUNIKATION STATT KRÄFTEMESSEN

Nun geht Ihr Pferd einen Schritt auf die Rampe. Das ist Grund genug, es ausgiebig zu loben, selbst wenn es sofort wieder rückwärts tritt. Bleiben Sie an der Schulter Ihres Pferdes, unehrgeizig und freundlich. Pferde werden sicherer im Verladen, wenn sie vor und zurück dürfen. Es bringt nichts, ein Pferd festhalten zu wollen. Sie können auch sehr entspannt bleiben, denn Ihr Pferd kann ja nicht weg, Sie haben für ein sicheres Außen gesorgt. Meist dauert es drei bis sieben Minuten und das Bindungssystem beruhigt das Bedrohungssystem so, dass Ihr Pferd Ihnen vertrauen wird und den Weg auf den Anhänger aus eigenen Stücken findet.

## TAKE YOUR TIME

Und plötzlich siegt das Urvertrauen im Pferd gegen das Urmisstrauen. Das ist ein fantastischer Moment. Aber Vorsicht, langsam mit den jungen Pferden. Machen Sie nicht gleich die Stange zu. Warten Sie bitte und dulden Sie es, wenn Ihr Pferd den Rückwärtsgang einlegt und wieder heruntersaust. Denken Sie immer daran: Erst das DAS, dann das WIE. Demnach schulen wir erst, dass das Pferd einsteigt und dann, wie lange es oben bleibt usw.

Je zuverlässiger Ihr Pferd es schafft, den Weg hineinzufinden, umso leichter wird es auch auf dem Anhänger bereit sein, das Komfortzonentraining anzunehmen. Fordern Sie alles mit einem Mal, dann kann es sein, dass Sie das Bedrohungssystem wieder in die Höhe

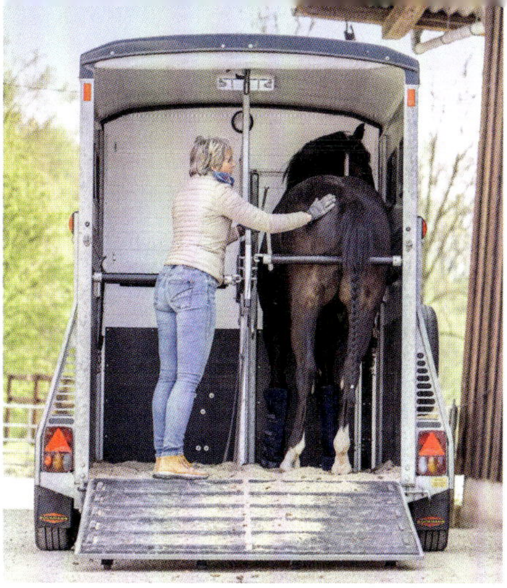

*Verladetraining gehört in die Jungpferdeausbildung.*

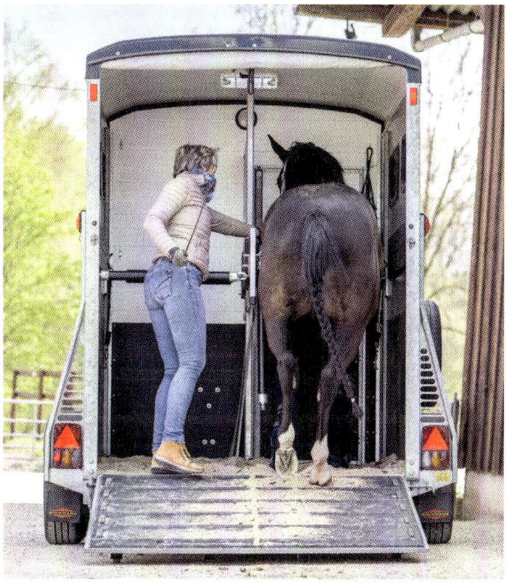

*Wichtig ist ein sicheres und erfolgreiches System …*

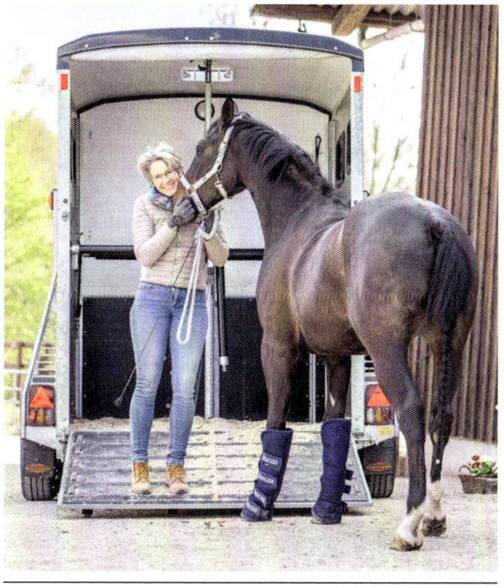

*… und viel Lob und Bestätigung.*

schnellen lassen. Das würde Sie etliche Meter Ihres gründlich erarbeiteten Weges zurückwerfen.

Bleiben Sie in jeder Situation beim Verladen ruhig und konzentriert. Studieren Sie das Ausdrucksverhalten und helfen Sie Ihrem Pferd aus eigenen Stücken, die Lösung dieser Aufgabe zu finden, dann wird es nachhaltig und gut. Ihr Ziel ist ein Pferd, das ohne Probleme und immer leicht und sicher zu verladen ist, das eine Reise mit Ihnen nicht als Bedrohung, sondern als Bereicherung wahrnimmt.

## ABRÜSTEN

Sind Sie in diesem Setting sicher, das Pferd findet zuverlässig die Lösung und es gibt keinerlei Blockaden, können Sie zuerst die hintere Wand Ihres Pferches weglassen. Danach nehmen Sie das zweite Gatter, das direkt am Anhänger steht, weg. Steigt das Pferd weiterhin problemlos ein, können Sie als nächsten Lernschritt Ihren Anhänger an einen anderen Ort stellen, an dem es keine feste Wand gibt. Sie bauen also nach und nach die Hilfsmittel zurück, und erarbeiten sich die Sicherheit in kleinen Schritten. Sie werden merken, wie Ihr Pferd gelernt hat, mitzudenken, und die Lösung aus eigenen Stücken anbietet. Das Gefühl ist schon ein wenig erhaben, wenn Sie mit Ihrem Pferd auf einen Anhänger zugehen und feststellen, dass es die Öffnung sieht und unbedingt da hinein möchte.

Lernen Sie anhand dieses im Detail besprochenen Beispiel des Verladens, wie man sich das Einverständnis eines Pferdes holen kann. Auch das Hänger fahren ist nichts, wofür ein Pferd sich freiwillig entscheiden würde, sondern eine menschliche Zwangsmaßnahme, die eben auch zum Wohle des Pferdes sein kann. Also scheuen Sie nicht die Ausbildung Ihres Pferdes, sondern gestalten Sie dies immer vor dem Hintergrund des gelungenen Dialogs. Dann wird es zur eigenen Idee Ihres geliebten Vierbeiners.

*Offen zu sein für die Reaktionen des Pferdes bedeutet, sie nicht zu bewerten, sondern zu erkennen.*

# DER TRICK MIT DEN FUNKTIONSKREISEN

Missverständnisse kommen in den besten Familien vor. Und hier reden wir von Individuen einer Gattung, möglicherweise sogar einer Familie: dieselbe Sprache, dieselben Lebensumstände, eine vergleichbare Herkunft. Widmen wir uns den zwischenartlichen Beziehungen, dann potenzieren sich die Möglichkeiten für Missverständnisse immens. Mit einem menschlichen Lebenspartner kann man möglicherweise ein klärendes Gespräch führen, mit dem tierischen eben nicht. Es kann uns seine Meinung im Nachhinein nicht kundtun, es hat keine schwerwiegenden Argumente und es kann sich nicht verbal verteidigen. Wir sind als Erziehungsberechtigter, als Coach und auch als Partner dazu verpflichtet, unseren vierbeinigen Freunden mit aller Sorgfalt zuzuhören. Nur so können wir die Signale, die sie senden, wirklich wahrnehmen.

## SACHLICH UND OBJEKTIV

Stellt sich das Verhalten als der Ausdruck des jeweiligen Funktionskreises dar, können auch verschiedene Verhaltensweisen zeitgleich aus verschiedenen Ursprüngen herrühren. Das kann schmackhafte, lustige und auch gefährliche Mischungen zu Tage bringen.
Wir haben sechs Funktionskreise (Seite 29), die selten als Reinform auftreten. Häufig mischt sich zum Beispiel in eine Abwehr plötzlich Flucht oder aber die Abwehr wandelt sich zu einem aversiven, aggressiven Drängen/Bedrängen. Ein positives Drängen/Bedrängen äußert sich wie ein Schmusen mit Distanzlosigkeit, kann sich aber plötzlich in Schubsen, Beißen oder Raumfordern wandeln. Die Mischungen der Funktionskreise sind individuell und situativ verschieden. Das macht das Lesen so interessant. Einfach wäre, wenn jeder Funktionskreis nur in Reinform auftreten und dann so langsam und eindeutig gezeigt würde, dass man mühelos alles wahrnehmen kann. So ist es aber nicht. Es kann sein, dass Signale durchs Bild blitzen, die Ihnen zwar den entscheidenden Hinweis gegeben hätten, die aber so schnell und so gut untergemischt waren, dass Sie sie nicht wahrnehmen konnten. Denken wir an Fritz (Seite 77), ein Pferd, das ruhig und unbewegt dastand. Im treibenden Impuls hat Nathalie die Wulst über dem Auge nicht wahrgenommen, die entsteht, wenn hormonell das Abwehrsystem des Pferdes alarmiert wird. Fritz hatte nicht darüber nachgedacht, dass er nun eine Wulst über seinem Auge bilden möchte, sondern sein Körper reagierte, weil das dementsprechende Hormon freigesetzt wurde und dieses Verhalten auslöste. Nathalie konnte nicht erahnen, wie weit sie bereits im Abwehrverhalten ihres Pferdes gelandet war. Bei Fritz hatten wir es mit einer passiven Abwehr zu tun, bei der der Mensch durch die Passivität eher an Faulheit denkt und sich in die Irre führen lässt. Lesen, ohne sich festzulegen, ohne zu bewerten, hilft, all die Funktionskreise, die ausgedrückt werden, zu erkennen und am Ende zu sortieren.

*Drohverhalten gehört zum Pferd. Wichtig ist, wie wir damit umgehen.*

Das Verhalten macht etwas mit den Menschen, wir füllen es dann mit unserer Wirklichkeit. Dies ist ein klassischer Werdegang für das Missverstehen. Es sind folgende Diskrepanzen, die einen guten Nährboden darstellen, aneinander vorbeizureden:

1. die unterschiedlichen Zeitzonen, in denen wir mit unseren Tieren kommunizieren;
2. die unterschiedlichen Kommunikationswege, die wir bedienen;
3. die unterschiedlichen Wirklichkeiten, die den Dialog beeinflussen.

Diese Unterschiedlichkeiten haben ihren Charme, aber auch ihre Hürden, die es gilt, im Dialog zu überwinden. Der Zugewinn dieser Arbeit ist, dass Sie das Gelernte auch ohne Probleme auf jede andere Gattung übertragen können.
Sie wollen Glücksschmied werden? Dann gehört nicht nur das Beherrschen des Werkzeuges, seine Wartung und der richtige Einsatz dazu. Dann sollten Sie auch lernen, das zu schmiedende Material richtig einzuschätzen, denn nur dann können Sie die

*Lernen wir, dem Dialog der Pferde zu lauschen,*

*Mit spielerischer Konsequenz gemeinsame Abenteuer erleben*

richtigen Entscheidungen treffen und das richtige Maß finden. In der Arbeit mit den Pferden geht es immer wieder um dieses richtige Maß. Maßvoll loben und würdigen, maßvoll begrenzen, maßvoll aktivieren. Damit Sie Glücksschmiedelehrling lernen, das Material richtig einzuschätzen, haben wir bereits über die Funktionskreise und das Lesen von Ausdrucksverhalten (Seite 24) gesprochen. Sie haben den großen Wert des Jetzt verstanden, sich bereits Gedanken über das lineare Denken (Seite 31) von Tieren gemacht und auch die unterschiedliche Wertigkeit der Kommunikationswege (Seite 54) studiert. All das sind die richtigen Lernschritte, die Sie benötigen, um sachlich,

*sind wir in der Lage, die Kommunikationswege selbst zu bedienen – ein wunderbarer Weg.*

objektiv, vorwurfsfrei an ein Pferd heranzutreten.

Funktionskreise als genetisch vorgeprägte Grundstruktur eines Charakters zu erkennen, ist wichtig, ebenso wie die Verantwortung für die richtige Entwicklung des individuellen Lernmusters zu übernehmen. Das ist Ihr Hauptauftrag als Glücksschmied, das genau bedeutet „Glücksschmied sein". Seien Sie sich bewusst, dass es nicht darum geht, einem Pferd möglichst schnell möglichst viele Tricks beizubringen, es möglichst schnell zu exorbitanter Leistung zu aktivieren oder aber es vor jeder Art der körperlichen und geistigen Anstrengung zu schonen. Es bedeutet viel eher

— das richtige Individuum für die angestrebten Ziele zu finden und
— durch intelligente und gezielte Förderung das Beste daraus zu machen.

*»Zuhören, um zu verstehen, nicht um zu antworten.«*

## ☞ ZUHÖREN LERNEN

Zuhören bezieht sich hier in der Tat auf einen ganzheitlichen Prozess, den ich bereits detailliert angesprochen habe. Dennoch ist und bleibt es ein unerschöpfliches Thema, auch für Profis im Lesen des Ausdrucksverhaltens.

*Ein zugepresstes Maul, angezogene Nüster, festes Ohr, kein Lidschlag: Haben wir es mit Abwehr zu tun?*

*Ein entspanntes Genick, bewegliches Auge und Ohr, eine entspannte Nüster, ein weiches Maul: ein zugewandtes Pferd?*

*Eine schmale Nüster, ein auf 45 Grad gewinkeltes Ohr, entspanntes Auge, angespanntes Genick: Vielleicht der Beginn einer passiven Abwehr?*

*Ein entspanntes Maul, geregelte Atmung, runde Nüster, entspanntes Auge und aufgerichtetes Ohr: Drängen, Bedrängen oder bereits aktives Angebot?*

*Ein gewinkeltes Genick mit schräger Kopfhaltung, ein zugepresstes Maul, schmale Nüster, kein Lidschlag: Ist es ein offensives Drohen?*

*Lange Ober- und verkürzte Unterlippe, gestrecktes Genick, entspanntes Ohr: Komfortzonenverhalten und raumhaltendes Drängen/Bedrängen?*

*Eine lange Unterlippe, gerundetes Auge, gewinkeltes Ohr, geöffnetes Genick: Ist es Komfortzonenverhalten oder möchte sich das Pferd schütteln?*

*Lange Unter-, verkürzte Oberlippe, geschlossenes Auge und gewinkeltes Ohr: Komfortzonenverhalten, wunderbares Drängen/Bedrängen.*

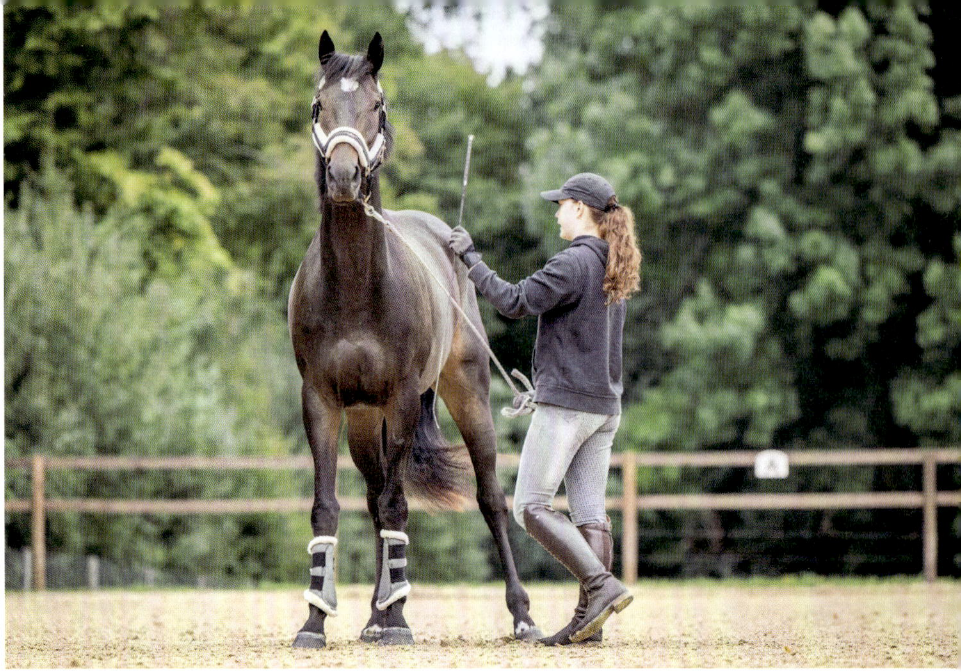

*Macht sich Hilflosigkeit, Frustration oder Enttäuschung in der Beziehung breit, dann leidet als erstes das Vertrauen und die Bindung.*

## ENTTÄUSCHUNG IST EIN LIEBESKILLER

Schauen wir uns Punkt 1 an: Sie sind auf der Suche nach dem zu Ihren Zielen passenden Pferd? Dann versuchen Sie den Satz „Ein gutes Pferd hat keine Farbe." zu beherzigen. Es geht um Partnerschaft, um Glück und um das Erreichen der persönlichen Ziele. Das ist sehr wichtig, denn nur dann sind Sie auch bereit, alles Erdenkliche für Ihr Pferd zu tun. Frustration lähmt jede Beziehung und Enttäuschung ist ein Liebeskiller. Definieren Sie Ihr Jobprofil für Ihr Pferd, schreiben Sie es auf, sortieren Sie Ihre Prioritäten und äußern Sie Ihre Visionen. Und dann suchen Sie gezielt nach den Elterntieren, die genau das abdecken sollten, und zwar beide. Oder aber Sie finden einen möglichen vierbeinigen Partner und testen ihn auf Ihre Ziele hin durch. Erst dann sollten Sie bereit sein, die Verantwortung für eine andere Kreatur zu übernehmen.
Sie erinnern sich an Luca und Socke? Ein talentiertes Mädchen, ein starkes, junges Pferd. Überforderung durch Überforderung ist hier ein möglicher Feind einer langjährigen intakten Beziehung zwischen den beiden. Denken wir nicht nur an uns, denken wir an das Pferd, welches von sich aus nicht kündigen kann. Es kann nicht sagen: „Hey, mir fehlt hier echt das Regulativ.", oder „Mit deiner Art komme ich nicht zurecht.", oder „Ich bin hier über- oder unterfordert." Ein Pferd ist dem ausgesetzt, es muss das Beste daraus machen – irgendwie. Und das Beste definiert das Pferd nach seinen Bedürfnissen und auch nach seinen Möglichkeiten. Machen Pferde Fehler, dann machen sie das nicht, um uns zu ärgern. Meist machen sie nur von ihren Möglichkeiten Gebrauch, und diese können einfach große Auswirkungen auf unsere Gesundheit haben.
Sorgen Sie also dafür, dass das Pferd zu Ihrer Vision von einer echten Beziehung passt, denn jede echte Beziehung ist wie ein Kunstwerk, an dem man manchmal auch lebenslänglich arbeiten kann. Sie als Glücksschmied sind Künstler und erschaffen hier Ihr ganz individuelles Kunstwerk. Dazu sollten Sie die Funktionskreise sehr genau beobachten können.

## DAS BESTE DARAUS MACHEN

Und nun zu Punkt 2: Wenn Sie ein Pferd (oder mehrere) haben oder sich gerade für ein Pferd entschieden haben, dann geht es nun darum, dieses Geschöpf in seiner Gesamtheit zu erfassen. Hierzu brauchen wir Ihre scharfe Wahrnehmung. In der rosaroten Phase des Verliebtseins erkennen viele Menschen nicht, was da wirklich ist. Das kennen Sie auch aus dem zwischenmenschlichen Bereich. Sind aber die Flitterwochen vorüber, sieht man viele Konturen deutlicher. Freuen Sie sich auf dieses Erwachen, denn es gibt Ihnen die Möglichkeit, sich richtig kennenzulernen und erlaubt der Beziehung echten Tiefgang. Das alles gilt vor dem Hintergrund, dass Sie als Glücksschmied nicht nur schnell Lektionen liefern, sondern eine korrekte innere Haltung erzeugen und eine echte, tiefe Beziehung mit Ihrem Pferd aufbauen wollen.

## DAS SPIEL MIT DEN WIRKLICHKEITEN

Die Entwicklung eines Tieres bedeutet, dass wir das Verhalten strukturieren und ihm darin Sicherheit geben, die erwünschten Verhaltensweisen zu zeigen und unerwünschte zu vernachlässigen. Dabei geht es uns immer um unser Empfinden. Ein steigendes Pferd hat die Möglichkeit zu steigen, weil es ein Pferd ist. Vielleicht macht es ihm eine besondere Freude zu steigen, spürt es dabei seinen Körper, seine Kraft. Für einen Reiter kann ein steigendes Pferd eine echte Bedrohung sein. Durch diese Form der Bedrohung bekommt er Angst in schwindelnder Höhe.

Ordnen wir das Steigen dem Funktionskreis Drängen/Bedrängen zu, dann kann es Spielverhalten oder ein Kräftemessen sein. Ordnen wir es ein als „sich des Reiters entledigen wollen“, dann erkennen wir in demselben Verhalten eine Abwehr. Das ist ein ganz anderer Verhaltensursprung mit augenscheinlich demselben Resultat. Intensiv wird dieses Thema dann, wenn der Mensch, der von dem steigenden Pferd absitzt, erzählt, sein Pferd hätte Angst gehabt und wäre deswegen gestiegen. Als Außenstehender beginnen wir nun eine kleine Fahndung nach Täter und Opfer und danach, was in Wirklichkeit geschah.

Sie sehen, es gibt viel Zündstoff für manifeste Missverständnisse. Nehmen wir an, das Verhalten würde dem Funktionskreis Drängen/Bedrängen entspringen, dann würden wir bei einem steigenden Pferd ein bewegliches Ohr, ein glattes Auge, durchaus Lidschlag, eine zwar kraftvolle, aber entspannte Oberfläche, einen ruhig hängenden Schweif wahrnehmen. Keine Indizien für Angst. Beim Reiter würden wir vermutlich keinen Lidschlag, stockenden Atem, eine erhöhte Herzfrequenz, eine festgehaltene Oberfläche sowie einen hohen Muskeltonus definieren können. Steigt das Pferd aber aus Abwehr, dann ist seine Oberfläche ebenso fest wie die des Reiters, der Lidschlag bleibt aus, der Atem stockt, das Auge hat eine Wulst, der Schweif schlägt und das Maul ist mit schmaler Nüster zusammengepresst. Ich weiß, während man auf einem steigenden Pferd sitzt, hat man nicht die Gelegenheit, den Lidschlag zu studieren. Dennoch möchte ich Sie anregen, das Ausdrucksverhalten zu beobachten, denn es ist entscheidend für den Umgang mit diesem Verhalten. Steigt Ihr Pferd aus Spaß, dann kann es sein, dass es etwas mehr Regulativ sowie körperliche

*»Lies laut, um den Fehler zu finden.«*

Auslastung vertragen würde. Und genau das kann man ihm in der Hand- und Bodenarbeit sowie an der Longe sehr gut bieten. Steigt Ihr Pferd aber aus Abwehr, dann suchen Sie nach dem Grund, der Ihr Pferd in die Situation bringt, sich wehren zu müssen. Hier sollte jedes Detail, jeder Ausbildungsschritt sowie die komplette Ausrüstung auf seine Korrektheit untersucht werden, um den Fehler zu finden.
Es ist wie beim Bücherschreiben: Meine Familie ist zum Glück sehr geduldig und läuft nicht gleich weg, wenn ich frage: „Kann ich Dir mal etwas vorlesen?"
Ich brauche das direkte Feedback zu den Texten und auch Gedanken, damit es weitergehen kann. Aber mehr noch, durch das laute Vorlesen finde ich Fehler, kann Irrungen und Wirrungen meiner geschriebenen Zeilen identifizieren. Beim Lesen der Tiere ist es genau dasselbe. Lesen Sie laut vor, was Sie sehen, und hören Sie sich selbst dabei zu. Das ist ein verblüffend einfacher Trick.

## DIE ANGST DES REITERS

Der emotionale Teil in diesem Dialog rührt zunächst einmal vom Menschen, dem Reiter, der sich möglicherweise sehr erschrocken hat, als das Pferd mit einem Mal in die Höhe stieg. Wir sollten versuchen, die Wirklichkeiten zu sortieren, wenn wir die Ursache eines Fehlers finden wollen. Angst ist grundsätzlich ein Hemmschuh der Objektivität, sie verfälscht die Sichtweisen. Angst lotst uns sehr zielgerichtet in die dicksten Missverständnisse und blockiert deren Ausräumung. Angst ist zwar ein Gefühl unserer Alarmanlage, aber sie kann uns unberechenbar und fest werden lassen.

### Der Bauch ist ein kluger Kopf

Die Angst, die spontan aus unserem Bauch kommt, ist ein guter Ratgeber, sie entspringt unserem Warnsystem, unserem Bedrohungssystem, und kann Leben retten. Die Angst, die unserem Gehirn entspringt, kann aber auch eine Erinnerung an eine Situation sein, die wir schon einmal als bedrohlich empfunden haben. Diese Angst blockiert unser Denken und Handeln und nimmt uns jede Möglichkeit der Objektivität. Saßen Sie also vielleicht schon einmal auf einem Pferd, das aus Abwehr entschieden gestiegen ist, und haben dieses als angsteinflößend wahrgenommen, dann kann das dazu führen, dass Sie einem Moment, der einfach nur ein spielerisches Ausprobieren der eigenen Kraft ist und sich auch durch ein Steigen äußert, nicht mehr adäquat begegnen können. Ihr Gehirn abonniert die Situation auf „gefährlich".
Dieses Missverstehen der Situation können wir nur auflösen, wenn wir die Fähigkeit behalten, das Ausdrucksverhalten eines Pferdes objektiv wahrzunehmen und zu respektieren. Und wenn wir es schaffen, unsere Gefühle bei uns zu lassen und sie nicht dem Pferd zu unterstellen oder überzustülpen.

*»Auf dem Weg der Information vom Auge zum Bauch kann einiges schief laufen, speziell, wenn der Weg über das Gehirn geht.«*

*Ein fehlendes Außen, ein Nicht-Respektieren der Hilfen führt schnell zu Angstgefühlen und dann zu Eskalationsstufen.*

## DER URSPRUNG DES VERHALTENS

Jedes sich äußernde Verhalten kann unterschiedliche Ursprünge haben. Hier sind die Funktionskreise gemeint, und nicht die Gründe. Der Grund für das Steigen kann ein kneifender Sattel sein, der Ursprung wäre der Funktionskreis Abwehr. Es ist notwendig, das beobachtete Verhalten nach dem Ursprung zu durchsuchen, um zielsicher den Grund zu finden oder die innere Haltung zu korrigieren. Den Grund, z.B. den kneifenden Sattel, können wir mit Leichtigkeit abstellen. Aber da bleibt dann immer noch der Ursprung des Verhaltens, der Funktionskreis der Abwehr, der das Steigen als mögliche Lösung vielleicht schon etabliert, im schlimmsten Falle ritualisiert hat. Hier sollten wir gründlich arbeiten.

### NICHT NUR DIE EISBERGSPITZE SANIEREN

Auch sind eben diese Kenntnisse über die Funktionskreise wichtig, um ein objektives Erfassen des Charakters zu ermöglichen. Es geht doch in der Glücksschmiede auch darum, das richtige Material für das zu erschaffende Kunstwerk zu finden. Liegt unser Fokus auf der Reparatur von Fehlverhalten, dann müssen wir in der Lage sein, eben genau diese Differenz zu erkennen. Ist es ein charakterliches Problem, so ist eine gründliche Renovierung des inneren Lernmusters gefragt.

Das bedeutet für Sie als Coach, dass Sie das Verhalten Ihres Pferdes in jeder Situation auf ein vergleichbares Fehlverhalten hin prüfen und es an jeder möglichen Stelle korrigieren – so, dass der Funktionskreis, aus dem dieser Fehler entspringt, keine Erfolgsstrategie mehr darstellt. Haben wir ein steigendes Pferd, das Steigen als Abwehrstrategie benutzt, ist es sinnvoll, dieses Pferd auf weitere Abwehrstrategien zu durchforsten. Meist wird man fündig. Da kann es schon einmal ein Schweifschlagen beim Satteln, ein Zusammenpressen des Maules beim Trensen, ein Nicht-die-Füße-geben-wollen oder auch ein Sich-festhalten beim Schrittreiten geben. In der Glücksschmiede lernt man, genau an diesen Stellen schon anzusetzen und nicht nur die Eisbergspitze sanieren zu wollen.

*»Ausdauer ist ein Talisman für das Leben.«*
*Aus Afrika*

## ERFOLGSSTRATEGIEN

Wir haben über das Einverständnis des Pferdes gesprochen und erlernt, wie kleinschrittig das Einholen der Kooperation sein kann. Denken wir an Herrmann und seine Charlotte (Seite 106) oder an die schöne Dunkelfuchsstute Violetta (Seite 17), die sich nicht auftrensen ließ. Hier haben wir die vorgelagerte Abwehr besprochen. Bei Violetta zog sich dieses Verhalten auch durch weitere Ausbildungsschritte. So wollte sie nicht nur die Trense nicht nehmen wegen der kneifenden Schnalle, sie begegnete auch der Hand am Zügel, wenn es um Anlehnung ging, mit hektischem Abwehrverhalten und nutzte denselben Funktionskreis, wenn der Schenkel kam. Hier konterte sie mit heftigem Schweifschlagen, nach dem Schenkel treten, drohte zu steigen oder zu buckeln. Sie war durch und durch ein „Rühr-mich-nicht-an".

### DIE RICHTIGE LÖSUNG FINDEN

Abwehr war bei dieser Schönheit ein Funktionskreis der ersten Wahl. Es war ihre Überlebensstrategie. Vielleicht kennen Sie das auch: Ein Pferd, das Sie nicht an sich heranlassen möchte. Diese Stute hatte immer wieder Erfolg mit ihrer hektischen und fast hysterisch wirkenden Art. Nahm der Reiter den Zügel an, dann schlug sie mit dem Kopf nach oben, legte er den Schenkel an, dann drohte sie. Also ließ der Reiter den Zügel los und nahm das Bein weg. Auf diese Art und Weise war an eine Ausbildung nicht zu denken.
Es war ein schwerwiegendes Missverständnis, das der eingeschüchterte Reiter erzeugte. Aus der Sicht des Pferdes war das Abwehrverhalten die richtige Lösung, denn immer dann hörte der Mensch mit seiner Anforderung auf. Die Stute muss davon überzeugt gewesen sein, dass es genau das ist, was der Mensch möchte. Stellen Sie sich die sechs Funktionskreise vor wie sechs Ausfahrten in einem Kreisverkehr: die Ausfahrt Abwehr ist sehr ausgefahren, während die anderen fast im Dunkeln liegen.
Da wir Violettas Hysterie aus dem Trensenthema kannten, nahmen wir weder die Hand noch das Bein weg und hielten das Drohverhalten einfach aus. Ohne Strenge, ohne Wut begegneten wir ihr und ließen diese Antwort nicht als Erfolgsstrategie durch. Wir nahmen den Zügel auf und legten die flache Wade an. In dem Moment, in dem sie sich beruhigte, hielten wir an, ließen los und lobten ausgiebig. Es dauerte ein paar Sitzungen, bis die Stute ihre Strategie wechselte. Es wirkte so, als ob sie merkte, dass es da noch mehr Ausfahrten in ihrem Kreisverkehr gab, die sich auch als Strategie lohnten. Diese steuerte sie zunehmend an.

*Belvida kann mit Spannung und Abwehr …*

Als wir nach eineinhalb Jahren mit den fliegenden Wechseln begannen, machte sie das Fass noch einmal auf. Es schien sie anzustrengen, und die vorgelagerte Abwehr versperrte ihr die Sicht auf die Lösung. Meist wollte sie sich schon im Genick verspannen, an Tempo zulegen und dem Reiter die Wechselhilfe wegnehmen, wenn wir eine Linie suchten, um einen fliegenden Galoppwechsel zu reiten. Sie wollte nicht zuhören, sondern lauthals argumentieren: „Ich weiß schon, jetzt kommt das mit dem Umspringen!" Es war eine Geduldsprobe, jedes Mal, wenn sie heiß wurde, durchzuparieren, und ihr mit der Hysterie keinen Erfolg zu geben. Konsequent jedes Mal, wenn sie es vorwegnehmen wollte, stellten wir eine andere Frage: Schritt gehen, Volte reiten, rückwärtsrichten, wieder angaloppieren. Blieb sie ruhig, lösten wir einen Wechsel aus, ritten Schritt, eine Volte, hielten an und lobten. Es kam uns einige Wochen wie eine never ending story vor.

## JEDER SCHRITT LOHNT SICH

Dieses gründliche und vorwurfsfreie Arbeiten an der inneren Haltung des Pferdes hat sich gelohnt. Es lohnt sich bei jedem Pferd! Violetta gibt uns die Geduld mit echter Zugewandtheit, einer unglaublichen Leistungsbereitschaft und unumstößlichen Loyalität zurück. Es waren Missverständnisse, die tiefer gingen, solche, die die innere Haltung betrafen. Es ging nicht nur um die Akzeptanz der Hilfen, es ging auch darum, die Erfolgsstrategien ihres inneren Lernmusters zu sanieren.

Abwehrstrategien begegnet man in vielerlei unterschiedlichen Ausführungen. Es ist wichtig, dass wir genau hinschauen und gründlich sowie emphatisch damit umgehen. Die Funktionskreise sind die Grundlage des inneren Lernmusters. Und auch, wenn ich ein Tier an meiner Seite habe, welches vielleicht nicht die optimale Mischung in sich trägt, kann ich als sein Coach ihm helfen, die Erfolgsstrategien korrekt anzulegen.

Als Coach darf mich das Verhalten nicht emotional beeinflussen. Als Coach muss mich das Verhalten interessieren und mich dazu bewegen, noch genauer hinzuschauen, noch sorgfältiger zu arbeiten und noch sachlicher zu werden. Lassen Sie die Emotionen bei Ihrem Tier. Sorgen Sie dafür, dass auch Fehlverhalten nichts mit Ihnen macht, und gehen Sie gründlich und sorgfältig an die Wurzel des Problems. Auf diese Art und Weise können Sie professionell den Dialog mit Ihrem Tier an den Missverständnissen vorbeiführen und nachhaltig tiefes Vertrauen erzeugen.

*... für Unruhe sorgen.*

*Hier ist kompetente Geduld gefragt, um positive Energie zu erzeugen.*

*Violetta, ein Pferd, das nun bereit ist, anderen Sicherheit zu geben – was für ein großer Erfolg.*

# GUTES LESEN VERMEIDET MISSVERSTÄNDNISSE

Haben wir über Missverständnisse gesprochen, gehört das Vermeiden von Fehlern und auch der Umgang mit ihnen noch auf Ihren Glücksschmiede-Stundenplan. Da wir eben nicht mit Metall arbeiten, sondern wundervolle Geschöpfe schulen, eigenständige Individuen mit eigenen Ideen vom Leben, da wir Glück schmieden, Glück erzeugen wollen, ist der Auftrag ein sehr lebendiger. Und da passieren auch Fehler.

Fast jeder von uns ist durch seine eigene Erziehung im Umgang mit Fehlern vorgeprägt. Fehler zu machen, gehört zum Grundbausatz der Natur dazu. Nennen wir es ausprobieren, Grenzen erkunden, das eigene Vermögen erproben, Strukturen austesten. All das gehört zum Gedeihen einer Persönlichkeit. Menschen machen Fehler, die Menschen machen, und Pferde machen Fehler, die Pferde machen. Jeder tut dies nach seinen

*»Einen guten Trainer erkennt man im Umgang mit dem Fehler.«*

Möglichkeiten, und genau so sollte man das sehen. Ganz sicher ist: Pferde machen nicht Fehler, um Menschen zu ärgern. Sie machen nur von ihren Möglichkeiten Gebrauch.

## FEHLER VERMEIDEN

Sie erfüllen in Bezug auf Ihr Pferd verschiedene Rollen. Auf der einen Seite können Sie es auf der sozialen Ebene antreffen, wie einen Freund oder Partner, dann sind Sie Erziehungsberechtigter und im nächsten Moment auch noch Lehrer. Was Sie aber nicht sind, ist ein Prüfer. Das bedeutet, dass Sie Ihr Pferd nicht bewerten sollten. Der Umgang mit Fehlverhalten bedarf der Bereitschaft, Orientierung zu geben – und keine Noten. Es ist unser vorausschauendes Handeln, unsere Übersicht, die entscheidet, ob wir Fehler zulassen oder sie im Vorfeld vermeiden können. Beides ist möglich und kann effektiv sein.

## POSITIV DENKEN

Menschen, die zu einem Coaching kommen, beschreiben ihr Pferd meist mit negativen Begrifflichkeiten: was alles nicht gut läuft, was schwierig ist. Was gut läuft, wird häufig verschwiegen. Vielleicht wird es auch als selbstverständlich hingenommen, bekommt aber in den Erwähnungen kein Gewicht. Stellen wir uns eine Waage vor, dann befinden sich auf der Negativwaagschale deutlich mehr Argumente und Schilderungen als auf der Positivwaagschale. Das allein bewirkt im Kopf des Menschen ein (negatives) Ungleichgewicht. Es ist, als wäre unser Gehirn auf Misserfolg programmiert.

### ☞ TRAININGSTAGEBUCH

Denken Sie daran, in Ihrem Trainingsbuch immer erst die positiven Situationen zu notieren, auch, wenn sie noch so klein und nichtig scheinen. Beschreiben Sie zunächst alles, was gut war im Umgang mit Ihrem Pferd. Erst danach denken Sie über das nach, was fehlerhaft gelaufen ist. Aktivieren Sie in Ihrem Denken progressive, dynamisch positive Gedanken, denn diese steuern ihr positives Handeln Dann fertigen Sie eine Checkliste an, die Ihnen bei der Fehlervermeidung hilft.

**Checkliste 1: Fehlervermeidung**

— Überblick über den Raum
— Alter des Pferdes
— Ausbildungsstand
— Anforderungen
— Ausrüstung
— Außenreize
— Tagesform

Und zuletzt überprüfen Sie sich selbst mit einer Liste, auf der folgende Punkte wichtig sind:

**Checkliste 2: Selbstkontrolle**

— Raumorganisation
— Sprachhygiene in Hinblick auf die dreidimensionale Sprache
— Vier Säulen und drei Aspekte Emotionale Distanz
— Erlesen des Ausdrucksverhaltens

Mit diesem Verfahren können Sie sich selbst coachen, Fehler aufspüren und vermeiden. Vergessen Sie nicht, auch sich selbst erst positiv aufzustellen. Finden Sie heraus, was Sie alles gut und auch richtig gut machen, womit Sie zufrieden sind.

*»Orientieren statt kritisieren.«*

# FEHLERMANAGEMENT

Fehler passieren, damit wir daraus lernen. Innerhalb des Fehlers möchte ich Sie nun mit der eben positiv erarbeiteten Gedankenwelt motivieren, mögliche Lösungen parat zu haben.
Die beste und einfachste Lösung, um einem Tier im Fehlverhalten zu helfen, ist die Orientierung. Erst einmal kommt die räumliche Orientierung, Tiere kommunizieren ja überwiegend räumlich. Über die Ansprechbarkeit kann ich die Aufmerksamkeit, den Fokus auf mich richten, mit meiner räumlichen Sprache kann ich die Himmelsrichtung vorgeben und mit meiner leiblichen Sprache kann ich Entspannung signalisieren. Den Fokus des Pferdes zu bekommen und eine räumliche Lösung anzubieten, hat den größten Erfolg, um im Fehler eine Ruhe und Sachlichkeit zu platzieren.

## DER REGENSCHIRM UND DIE ANSPRECHBARKEIT

Stellen wir uns vor, Sie sitzen auf Ihrem Pferd, und plötzlich spannt jemand einen Regenschirm auf. Der Hals des Pferdes schnellt hoch und wird stramm, die Ohren sind nach vorn gerichtet, das Pferd ist dem Reiz zunächst frontal zugewandt. Nun üben Sie einfach einmal die Ansprechbarkeit: Sagen Sie den Namen Ihres Pferdes und fordern Sie es auf, Ihnen ein Ohr zu schenken. Bekommen Sie das, dann können Sie Ihr

*Sportliche Erfolge stärken das Wir-Gefühl und sind Treibstoff für das Team.*

Pferd loben. Sie haben ja die Werkzeuge der HarmoniLogie® gelernt. Ansprechbarkeit, Störbarkeit und Lobbarkeit wären hier die richtigen Werkzeuge. Reagiert Ihr Pferd nicht auf seinen Namen, dann haben Sie den Fehler entdeckt.
Dem Regenschirm volle Aufmerksamkeit zu schenken, ist in der Natur der Pferde. Daran ist nichts falsch. Auch Ihr Pferd soll lernen, Umweltreize wahrzunehmen und zu verarbeiten. Es soll aber auch lernen, innerhalb der Reizlage online zu bleiben. Genau hier liegt der häufigste Fehler im menschlichen Handling. Meist wird das Reagieren auf den Regenschirm kritisiert oder andersherum durch vermeintliches Beruhigen positiv verstärkt. Beides hilft dem Pferd nicht, mit der Situation umzugehen. Geben Sie ihm Orientierung. Sprechen Sie es mit dem Namen an und haben Sie die Erwartung, dass es prompt, freundlich und korrekt auf Sie reagiert – Sie erinnern sich an die drei Aspekte der Antwort (Seite 46). Geht es aber nicht an den Telefonhörer, wenn Sie es anrufen, bleibt es offline, dann dürfen Sie es unterbrechen, eben stören, um es wieder mit dem Namen zu orientieren. So gelangen Sie in eine Positiv-Spirale und werden zur täglichen Portion Glück für Ihr Pferd. Also bedenken Sie: Immer erst ansprechen, nur bei ausbleibender Reaktion stören, um es wieder anzusprechen. Erinnern Sie sich an Plan A und Plan B.

## LAUT LESEN

Lesen Sie laut, lesen Sie gründlich und finden Sie selbst die Ursache des Fehlers. Auch an dieser Stelle hilft es, sich das Ausdrucksverhalten des Pferdes laut vorzusprechen. Damit bauen Sie eine Schranke zwischen Ihrer Empfindung und Ihrer Wahrnehmung auf. Sie werden sehen: Es wird Ihnen leichtfallen, eine liebvolle Sachlichkeit Ihrem Pferd gegenüber zu entwickeln. Und denken Sie an den Spruch: Dein bester Lehrer ist dein letzter Fehler.

## AUS DER PRAXIS

Ein Jahr, nachdem Violetta, die Sie bereits kennen, hier eingezogen ist, kam auch ihre Tochter Belvida an unseren Betrieb. Sie erinnern sich an die Begegnung der beiden Stuten (Seite 96)? Es war ein wenig wie Rosamunde Pilcher für Pferde.
Die junge Stute, Belvida, wirkte wie ein Bambi, zart, dünnhäutig, große Kulleraugen. Wir bereiteten sie sorgfältig für das Anreiten vor. Hand- und Bodenarbeit wurden gründlich geschult und schufen uns den Weg über tiefes Vertrauen und echte Zugewandtheit. Alles war einfach und schien sicher. Belvida ließ sich wunderbar reiten und arbeitete wie eine Ballerina mit. Carla und ich arbeiten hier immer sehr eng zusammen. Doch dann schlich sich plötzlich ein Fehler ein.
Beim Aufsteigen vom Boden aus baute Belvida in einem Training mit einem Mal eine enorme Spannung auf und bockte wie ein Rodeopferd los. Carla hatte keine

*Sei achtsam mit Deinem Pferd. Immer.*

Chance, sich im Sattel zu halten. Wow, das ging schnell und kam unerwartet, arbeiteten wir doch so sorgfältig. Was haben wir übersehen? Wo war der Fehler? Wir sortierten uns und begannen von vorn.
Wir arbeiteten in Zeitlupe und lasen sorgfältig. Belvida stand ruhig auf ihren vier Füßen, sie hatte ein bewegliches Ohr und wirkte entspannt. Carla stellte den Fuß in den Bügel – und genau von dem Moment an hatte die Stute keinen Lidschlag mehr. Ihre Bambi-Augen waren riesig und unbewegt. Wir nahmen den Fuß aus dem Bügel und ihr Lidschlag setzte wieder ein. Sie erinnern sich – auch lesen, was nicht da ist. Genau hinschauen und sorgfältig zuhören. Und hier haben wir ein leises Zeichen übersehen. Also stellte Carla von einem Hocker aus nur einen Fuß in den Bügel und wartete so lange, bis Belvida ihre Rehaugen wieder schließen und öffnen konnte. Dann begann sie, den Bügel zu belasten. Doch das vegetative Nervensystem blieb entspannt. Wir konnten ohne Probleme aufsteigen und unser Training fortsetzen.
Seither ist nie wieder etwas vorgefallen, Belvida hat keinen einzigen Fehler mehr gemacht. Oder sollte ich vielleicht besser sagen: Wir haben diesen Fehler nie wieder gemacht. Wir haben verstanden, dass wir beim Aufsteigen auf dieses individuelle Pferd etwas intensiver hinhören sollten, etwas länger warten sollten, bis wir ihr Einverständnis bekommen. Wir waren in unserer Routine und Sorglosigkeit zu selbstsicher geworden, wir haben versäumt, auf sie zu warten. Was auch immer sie gekniffen hat – es wäre nichts passiert, wenn wir etwas langsamer gearbeitet hätten.

*Das Erfassen jedes Signals ist in der Pferdeausbildung entscheidend.*

*Die Zeit, die wir hier investieren …*

*… wird durch Zuverlässigkeit und Sicherheit belohnt.*

*»Wiederholung ist die Mutter allen Lernens.«*

## FORTSCHRITT DURCH RÜCKSCHRITT

In Belvidas Fall war es die spontane Veränderung einer speziellen Situation. Da wir den Fehler im Neubeginn antrafen und nicht ein ritualisiertes Fehlverhalten renovieren mussten, war es recht einfach. So waren unsere Reparatur-Maßnahmen übersichtlich: das Aufsteigen mit Aufstieghilfe, das Warten im Belastungsmoment. Häufig jedoch müssen wir Glücksschmiede auch lernen rückwärtszugehen, um vorwärtszukommen. Stellen wir Fehlverhalten fest, hilft zusätzlich zum lauten Lesen und Langsam machen auch, das Thema neu zu starten, gründlicher und besser zu erklären.

## ERST DAS DAS, DANN DAS WIE

Teilen Sie Lernschritte in kleine Etappen ein, schulen Sie erst das DAS, dann das WIE, und beobachten Sie die Leistungskurve Ihres Schülers. Beenden Sie das Training, wenn es am besten ist, und vermeiden Sie Ermüdung und Erschöpfung, bei sich und bei Ihrem Pferd. Sie sind Partner, Trainer und persönlicher Coach Ihres Pferdes. Vergessen Sie nicht: Sie sind nicht der Prüfer.
Der Umgang mit dem Fehler entscheidet über unseren Erfolg im Umgang mit dem Pferd. Demnach ist es auch der Umgang mit dem Misserfolg, den wir adäquat verarbeiten müssen. Sagen Sie sich: „Ist nicht so schlimm, beim nächsten Mal mache ich es besser", und dann machen Sie es besser, langsamer, freundlicher, gründlicher. Der Zwischenfall mit unserem Bambi-Pferd war zum Glück harmlos. Es war ein Fehler, der im Umgang mit Pferden passieren kann. Belvida hatte das Glück, dass diese Situation positiv und gründlich aufgearbeitet wurde. Bei Herrmann, dem Springpferd, war es möglicherweise ein ähnlicher Fehler (Seite 106). In seinem Fall wurde der Fehler nicht umgehend zugunsten des Pferdes aufgearbeitet. Aus diesem Grund hat sich hier die Abwehr manifestiert und zu einem grundsätzlichen Problem entwickelt. Wie gut, dass Hermann auf Charlotte traf.
Wir sind unseres Glückes Schmied, denn wir haben es in der Hand – diese Lektion lehren uns unsere Tiere jeden Tag. Management und Überblick sind notwendige Zutaten in der Glücksschmiede. Doch die wirklich wichtige Basis ist die positive Gedankenwelt, die Ihr Handeln prägen sollte. So erreichen Sie mit Ihrem Pferd alle Ihre Ziele.

*Sorgfältig und auf Sicherheit bedacht – das ist der Weg für junge Pferde.*

# WERKZEUGE ZUM GLÜCK

Betrachten Sie die Welt einmal aus anderen Augen, aus den Augen eines Pferdes zum Beispiel. Nehmen Sie Räume wahr, Lichter, Gerüche, Geräusche. Versuchen Sie, diese nicht mit Ihrem Wissen über deren Ursprung oder Gefahr zu erklären, sondern entkoppeln Sie die Wahrnehmung von Ihrem Wissen. Sie kennen das, wenn es stürmt und draußen plötzlich ein lautes Geräusch ist, das Sie vorher noch nie gehört haben und sich erst einmal nicht erklären können, was das war? Ihr Bedrohungssystem wird deutlich intensiver angesprochen und erst, wenn Sie verstanden haben, dass es ungefährlich ist, wird es sich wieder beruhigen.

## SICHERHEIT DURCH DIALOG

Die HarmoniLogie® arbeitet hier über den Dialog. Was bedeutet das? Wir erarbeiten uns einen Zugang, eine kognitive Verbindung zu unseren vierbeinigen Partnern. Mit der gut geschulten Ansprechbarkeit sind wir immer in der Lage, das Pferd kognitiv zu erreichen, auf uns zu fokussieren, zu konzentrieren. Damit allein können wir ihm eine Sicherheit geben.
Stellen wir uns ein Pferd vor, welches keine innere Anbindung hat und nicht gelernt hat, sich auf seinen Menschen zu konzentrieren oder ihm zuzuhören. Es wird im Moment des Erschreckens versuchen, sich räumlich zu verändern, sich drehen oder auch fliehen wollen. In dem Augenblick spürt es, dass es nicht wegkommt, denn da hängen möglicherweise 70 kg Mensch an seinem Kopf. Dieser Umstand allein kann das Bedrohungssystem anfeuern. Hätte dieses Pferd verstanden, seine Konzentration im Moment des Erschreckens dem Menschen zuzuwenden, in der Spur, also in dem Raum rechts oder links neben seinem Menschen zu bleiben und den Dialog aufzunehmen, dann würde sich das vegetative Nervensystem schnell wieder beruhigen.
Aus Sicht der Pferde sind manchmal Dinge eine Bedrohung, die wir noch nicht einmal bemerken. Da Sie als Glücksschmied gelernt haben, das Ausdrucksverhalten wahrzunehmen, geht es nun darum, das richtige Werkzeug im richtigen Moment einzusetzen.

*Das Pferd im Reiz nach innen zu orientieren …,*

### ORIENTIEREN UND DEN WEG IN DIE LÖSUNG ZEIGEN

Sie spüren die aufkommende Spannung, egal ob neben oder unter Ihnen, Sie erkennen die Blickrichtung Ihres Pferdes – wetten, dass Sie nun erst einmal dorthin schauen, wohin Ihr Pferd schaut? Wette gewonnen! Sie wollen wissen, was Ihr Pferd so erregt. „Da guckt er, was er guckt", hat ein alter Pferdemann einmal grinsend zu mir gesagt, der wusste, dass das nicht der richtige Weg ist, um Pferde zu lenken.
In dem Moment, in dem Ihr Pferd sich einem Außenreiz zuwenden möchte, sprechen Sie es erst einmal mit dem Namen an. Geben Sie ihm Orientierung. Genau an dieser Stelle treffen wir auf den einzigen Fehler, den ein Pferd machen kann: Es reagiert nicht auf seinen Namen. Das ist der einzige Grund für eine Störung, die, obwohl es ein Fehler war, freundlich bleibt. Stören Sie nach Plan A und Plan B (Seite 42), mit dem freundlichen „Na", fordern Sie Raum, bis Ihr Pferd Sie anschaut, geben Sie den Raum zurück und laden Sie es nach Hause in Ihre Küche ein. Es ist immer dasselbe Prozedere, welches die Tiere achtsam werden lässt.

## ÜBUNG: REIZLAGEN ZUHAUSE MEISTERN

In dem Moment, in dem wir Reizlagen planen und organisiert arbeiten, fällt es uns Menschen viel leichter, im Dialog mit unserem geliebten Pferd zu bleiben. Inszenieren Sie einmal Reizlagen in Ihrem sicheren Ambiente. Stellen Sie zum Beispiel jemanden mit einem Regenschirm außerhalb Ihres Klassenzimmers hin und bitten diese Person, ab und an den Schirm aufzumachen. Sie wissen ja nun, welcher Reiz da entsteht, Sie brauchen sich nicht mehr dorthin orientieren. Überlisten Sie Ihre eigene Neugierde und lernen Sie, Ihren Fokus ganz bei Ihrem Pferd zu lassen.
Und nun üben Sie die bereits geschulten Hilfen: die Ansprechbarkeit, die Lobbarkeit, die Störbarkeit und die Abgrenzbarkeit. Schauen Sie nicht zum Schirm, konzentrieren Sie sich auf Ihr Pferd, auf den Dialog, und geben Sie Ihrem Pferd räumliche, kognitive und emotionale Orientierung. Erlauben Sie Ihrem Pferd, dorthin zu schauen, und sagen genau in diesem Moment seinen Namen mit der Erwartung,

*... Raum zu geben und die Lobbarkeit zu arbeiten, ...*

*... das ist erst einmal der richtige Schritt.*

dass es prompt und freundlich auf Sie reagiert. Sie erinnern sich an die drei Aspekte der Antwort. Den dritten Aspekt, die korrekte Ausführung, kann ich als Kompromiss hingestellt lassen, klar dominieren werde ich aber in der Erwartung der Unmittelbarkeit und der korrekten inneren Haltung.

## DOMINANZ UND KOMPROMISSBEREITSCHAFT

Die Symbiose aus Dominanz und Kompromissbereitschaft ergibt einen erfolgreichen Führungsstil. Sie haben Forderungen an Ihr Pferd, die es durchaus erfüllen kann. Ihnen ein Ohr und den Fokus zu schenken, ist keine schwierige Lektion. Darauf sollten Sie unbedingt bestehen. Das sind die ersten zwei der drei Aspekte der Antwort. Ob die Reaktion dann auch immer gleich eine korrekte Ausführung mit sich bringt, können wir in den nächsten Sitzungen mit Pferd und Schirm erarbeiten, vielleicht nicht gleich in der ersten. Bekommen Sie kein Ohr, erinnern Sie sich an Plan A und Plan B. Dann erst beginnen Sie, Ihr Pferd zu unterbrechen, Raum zu fordern, und geben diesen Raum erst dann wieder zurück, wenn die Achtsamkeit wiederhergestellt ist.

## RICHTUNG, RAUM UND REGULATIV

Geben Sie Ihrem Pferd nicht nur in diesem Setting die Richtung vor. Die räumlichen Kommunikationswege sind für Ihr Pferd die wichtigsten. Fordern Sie es auf, nicht in Ihren Raum, auf Ihre Eisscholle zu kommen. Hier benutzen Sie das „Raum halten“ und „Raum fordern“, zur Entspannung und als Kompromiss das „Raum geben“. Damit bieten Sie Ihrem Pferd das positive, artgerechte und klare Regulativ, welches das Bedrohungssystem beruhigt und die innere Bindung aktiviert. Dreht Ihr Pferd aber Sie, um zu dem Schirm zu schauen, dann dominiert es in der Richtung. Möchten Sie Ihrem

*Das Raum geben bedeutet für das Pferd auch …,*

*… sich zu beeilen, in den Raum aufzuschließen.*

Pferd erklären, dass der Schirm keine Bedrohung darstellt, dann sollten Sie daran arbeiten, dass es sich wieder auf Sie konzentriert und in Ihrer Spur bleibt.
Und denken Sie daran: Aufhören, wenn es am besten ist. Im Klartext: Macht Ihr Pferd das gut, dann legen Sie den Schirm zur Seite und unternehmen zum Abschluss noch etwas richtig Schönes mit Ihrem Pferd. Macht Ihr Pferd das gar nicht gut, dann bitten Sie den Schirmhalter, langsam meterweise auf Abstand zu gehen, aber weiterzumachen. Nutzen Sie die Vergrößerung der Abwehrzone, um in einen guten Kontakt mit Ihrem Pferd zu treten. Finden Sie sorgfältig heraus, wie die Zonen sich gestalten. Sie erinnern sich an die Aktivierungs- und die Abwehrzone (Seite 67)? Bedienen Sie unehrgeizig diese Bereiche und schulen Sie Ihr Pferd so, dass Sie die zweibeinige Erfolgsgarantie

*Eine Übung, die das Pferd mit spielerischer Konsequenz in die richtige Spur bringt.*

sind. Arbeiten Sie mit Ihrem Pferd und nicht dagegen. Sowie Ihr Pferd entspannt, haben Sie die richtige Zone gefunden. Hier holen Sie sich die Ansprechbarkeit und lassen dann den Schirm Schritt für Schritt wieder näherkommen. So säen und ernten Sie Vertrauen.

## ÜBUNG: DER GLÜCKS-KOMPASS

Es ist eine Basisübung in der Hand- und Bodenarbeit: der Kompass. Stellen Sie sich in die Mitte Ihrer Arena, egal wie groß sie ist. Haben Sie Ihr Pferd rechts oder links neben sich. Und nun arbeiten Sie die Himmelsrichtungen: Drehen Sie sich immer in Viertelbögen auf der Stelle so, dass Ihr Pferd wahlweise Raum geben oder Raum nehmen soll. Mit jedem guten Viertelbogen halten Sie an und loben Ihr Pferd ausgiebig.
Diese Übung, die auf die Größe eines Gästeklos passt, schult Ihr räumliches Denken, den Sinn für Spur und Ihr Pferd im Einhalten des gewünschten Raums. Fällt sie Ihnen leicht, dann können Sie die Außenreize Ihrer Wahl dazu organisieren und Ihrem Pferd erklären, egal, was um Sie herum passiert, Sie sind der sichere Hafen – weil Sie den Raum überblicken und bedienen können.
Das Handwerk des Glücksschmieds bezieht immer diese Werkzeuge mit ein. Es arbeitet wohlwollend für das Pferd, gibt ihm Sicherheit und Orientierung, wendet die Kommunikationswege sorgfältig an, um klare und verständliche Informationen zu transportieren. Es bietet den Pferden stets ein sicheres Außen und ein aktives, positives Innen.

# DIE SKALA DER AUSBILDUNG

Ebenso wie in der Ausbildung des Reitpferdes bieten wir auch in der Schulung der Hand- und Bodenarbeit eine Skala der Ausbildung an. Betrachten wir eine Skala als roten Faden, als Leitfaden, als Navigationshilfe auf einer Route, sollten wir immer im Blick haben, dass es individuelle Abweichungen geben kann.
Die Skala der Ausbildung des Reitpferdes umfasst folgende Punkte:

— Takt
— Losgelassenheit
— Anlehnung
— Schwung
— Geraderichtung
— Versammlung

Dies ist eine Skala der Ausbildung, die bis zum heutigen Tag sinnvoll ist und beherzigt werden sollte. Diese Skala jedoch widmet sich äußerlich eher der Entwicklung des Bewegungspotenzials. Ausschließlich der Punkt der Losgelassenheit bezieht die innere Haltung mit ein, denn ein Pferd kann nur dann äußerlich losgelassen sein, wenn es das auch innerlich ist. Hier lehnt sich die Lehre der HarmoniLogie® an, denn sie widmet sich in der Ausbildung der inneren Haltung und baut das Pferd auf einer korrekten inneren Haltung auf. Man sollte das Rad nicht neu erfinden, aber vielleicht braucht das Rad ab und an ein neues Profil, eine gute Richtung sowie einen stabilen Antrieb. Die Skala der Ausbildung ist ein logischer und kluger, bewährter Leitfaden. Es fehlt einzig der logische Zugang zum Pferd, der dem Pferdemenschen hilft, eben diese Losgelassenheit artgerecht zu erarbeiten.
Beschreiben wir die Skala der Ausbildung eines Pferdes vom Boden her, dann baut sie sich wie folgt auf:

— Gesprächsbereitschaft
— Raumorganisation
— Komfortzonenverhalten/Bindungssystem
— Innere Haltung
— Spurhalten
— Lektionen nach dem Prinzip des Angebotes

*Die Ansprechbarkeit erarbeiten wir uns ...*

*... mit der Störbarkeit, dem Aufwecken, ...*

*... sowie der Lobbarkeit, die echte Bindung erzeugt.*

Haben Sie diese Punkte erarbeitet, können Sie sich Ihrem individuellen Ausbildungsplan widmen und Ihr Pferd gezielt so aufbauen, wie Sie es brauchen. Sie merken hier, dass es sich um eine Skala der Ausbildung handelt, die auf einen Dialog abzielt. Verstehen wir die Ausbildung von Pferden als Dialog, dann entwickeln wir die Grundzüge des Dialoges, bevor wir mit den eigentlichen Ausbildungsschritten beginnen.

## DER RÄUMLICHE ÜBERBLICK

Die Ausbildung des Menschen sollte sich grundsätzlich darauf konzentrieren, ein System zu verstehen und sorgfältig anzuwenden. Erarbeiten wir uns der Reihe nach diese einzelnen Lernschritte mit Hilfe unserer Werkzeuge, bauen wir unser Pferd mit System Schritt für Schritt auf. Der kluge, reduzierte und artgerechte Gebrauch der Kommunikationswege dient dem Transport der Informationen; das sichere und wertfreie Erlesen des Ausdrucksverhaltens stellt die Entgegennahme der Informationen des Pferdes sicher. Räume zu erkennen und zu bedienen ist in der Ausbildung der Menschen entscheidend. Hier haben wir die größten Defizite. Der häufigste Fehler ist das Raum geben. Oft tun wir dies ganz unbewusst, um mehr Abstand zu unserem Pferd zu bekommen. Hier reicht bereits ein Zurücksetzen eines Fußes. Es signalisiert dem Pferd sofort, dass man defensiv ist und nicht bereit, seine Eisscholle zu halten, nicht bereit, zu regulieren oder gar, dass man es auffordern möchte, den gegebenen Raum zu betreten.

- Raum halten heißt, die Position zum Pferd zu halten.
- Raum fordern bedeutet, in die Fußstapfen seines Pferdes treten zu wollen.
- Raum geben bedeutet, Platz zu machen, auf seiner Eisscholle zur Seite zu gehen und seinem Gegenüber einen Platz auf eben dieser Scholle anzubieten.

Mit der Fähigkeit der räumlichen Kommunikation sind Sie in der Lage, Ihrem Pferd das notwendige Regulativ zu geben.

**019**
Zum Film:
Raum geben,
Raum fordern,
Raum halten

*Mit einem stabilen Bindungssystem sind wir in der Lage, das Bedrohungssystem zu beruhigen. Ein lohnendes Training.*

## DIE INNERE HALTUNG

In jeder Ausbildung von Tieren sollte der Dialog Vorfahrt haben. Der tollste Trick nützt Ihnen nichts, wenn die innere Haltung nicht stimmt. So sehen wir diese Ausbildung als die Grundlage, um ein bindungsoffenes, gelassenes und leistungsbereites Pferd auf sein Leben vorzubereiten, damit es gesund und stark im Team mit seinem Menschen alle Anforderungen leisten kann.

Manche Menschen möchten eine Partnerschaft, die leistungsorientiert ist, andere eher eine Freundschaft, eine tiefe emotionale Bindung. Beides braucht ein bindungsoffenes Pferd. Und das ist es nur, wenn das Bindungssystem gesund und stark ist. Finden Sie heraus, zu welcher Form von Beziehung Sie bereit sind. Unabhängig davon benötigen Sie die Skala der Ausbildung, um gezielt und mit einem bewährten roten Faden Ihren Weg erfolgreich zu gestalten.

### ☞ TRAININGSTAGEBUCH

- Überdenken und definieren Sie Ihre Vision Ihrer Beziehung zu Ihrem Pferd.
- Beschreiben Sie die Stationen der Skala, die bereits richtig gut funktionieren.
- Finden Sie heraus, an welcher Stelle Defizite auftauchen.
- Suchen Sie sich den Punkt heraus, der davorsteht, und überprüfen Sie diesen Ausbildungsschritt gründlich.
- Beschreiben Sie ein Setting, das Sie bereits gut gemeistert haben.
- Beobachten Sie Ihre Kommunikationswege innerhalb des Trainings. Finden Sie heraus, was Sie gut gemacht haben. Suchen Sie nach dem Missverständnis.
- Beachten Sie die Leistungskurve innerhalb des Trainings, Ihre eigene und auch die des Pferdes. Überprüfen Sie Ihr eigenes Ausdrucksverhalten.

# AKTIVIEREN, MOTIVIEREN, SPASS ERZEUGEN

Sehr viel haben wir nun über die Struktur und auch Korrektur der inneren Haltung unserer Pferde gesprochen. Nun geht es an dieser Stelle einmal nur um Sie. Ich möchte mich Ihrem Denken und dem daraus entspringenden Handeln widmen.

Zu fast hundert Prozent kommen Menschen in ein Coaching, die ein Problem mit ihrem Pferd haben. In ihren Schilderungen tauchen immer wieder Beschwerden, Frustrationen, Schwierigkeiten auf, manches Mal sogar Vorwürfe. Klar, wenn man keine Probleme hat, braucht man sich auch keine Hilfe zu holen. Dennoch beschreiben die Schilderungen die dunkle Seite der Beziehung. Wenn ich dann die Frage: „Was gefällt Ihnen denn an Ihrem Pferd?" stelle, wachen viele Menschen auf. Meist schauen sie erst mich, dann ihr Pferd und dann wieder mich an. Es braucht etwas Zeit, um das, was schön ist, zu formulieren. Und schön ist ja auch subjektiv. Genau darum geht es: Bei all der Objektivität, die wir uns hier erarbeiten, auch immer wieder die rosarote Brille aufzusetzen und sich an den warmen Gefühlen, den Erfolgen und dem gemeinsamen Glück zu erfreuen. Sich ineinander zu verlieben und diese Gefühle auch zu pflegen,

*»Es gibt viele Wege zum Glück. Einer davon ist, aufhören zu jammern.«*

*Albert Einstein*

*Positive Energie spiegeln die Tiere sofort zurück.*

ist der Auftrag der emotionalen Beziehungsebene. Manch einer von Ihnen lebt mit seinem Pferd nicht nur in einem Arbeitsverhältnis, in einer Wohngemeinschaft, Sie wollen möglicherweise auch eine Beziehungsebene erreichen, die einer Partnerschaft gleicht.

## DIE GLÜCKSSPIRALE

Sie können Ihr Denken beeinflussen. Sie können Ihr Gehirn strukturieren und trainieren. Ihr Geist filtert die Wahrnehmung. Interessieren Sie sich für ein neues Auto, dann sehen Sie plötzlich überall Autos dieser Marke, ist Ihr aktuelles Thema eine Schwangerschaft, dann glauben Sie, überall laufen nur schwangere Frauen herum, haben Sie als Thema die Pflege einer älteren Person, sehen Sie sehr viele Rollatoren und Gehhilfen. Ihr Gehirn filtert das für Sie heraus, was im Moment Ihr Thema ist. Das kommt Ihnen gewiss bekannt vor. Ebenso verhält es sich mit Erfolg und Misserfolg, mit Glück und Schwermut.
Sind Sie nun in der Lage, Ihr Gehirn anzusteuern und positive Gedanken zu entwickeln, nehmen Sie auch deutlich mehr positive Dinge wahr. Wenn Sie mehr Positives wahrnehmen, drückt auch Ihr Körper mehr positive Energie aus. Treten Sie mit einem positiven Ausdrucksverhalten auf, dann bekommen Sie vermehrt positive Reaktionen. Es ist, als würden Sie Ihre eigene Glücksspirale aktivieren.

### DIE PLUSPUNKTE DES LEBENS

Beginnen Sie beim Training Ihrer Gedanken mit einfachen Übungen. Zählen Sie immer erst alles das auf, was gut ist, was schön ist, was sich harmonisch anfühlt. Stehen Sie morgens mit diesem Auftrag auf, schreiben Sie sich die Pluspunkte des Tages, der Woche, ja vielleicht des Lebens auf. Orientieren Sie sich an diesen Pluspunkten.

### ☞ TRAININGSTAGEBUCH

Richten Sie sich in Ihrem Trainingstagebuch immer wieder Seiten für die Pluspunkte ein, formulieren Sie sie neu und wiederholen Sie diese auch gern. Definieren Sie sie auch als Vision Ihrer Partnerschaft mit Ihrem Pferd, stecken Sie diese Pluspunkte als Ziel eines jeden Trainings. Trainieren Sie so, Ihre Gedanken positiv zu denken.

*Mit den Pluspunkten des Trainings schwere Lektionen erarbeiten*

## IN DEN SPIEGEL GEBLICKT

Ihr Pferd ist als Spezialist für räumliche und leibliche Sprache immer und überall in der Lage, Ihr Ausdrucksverhalten zu lesen. Vielleicht spricht es nicht so viel über das, was es da liest, aber es passt sein Verhalten einer jeden Leseprobe an. Pferde können uns spiegeln. Und das, was da aus dem Spiegel herauskommt, entspricht eben auch dem, was in den Spiegel hineinfällt. Das gibt uns ein promptes und ehrliches Feedback. Nehmen wir es als Chance, denn Pferde sagen uns so meist recht charmant, wie wir wirken.

*Die Begeisterung füreinander schafft echte innere Zugewandtheit.*

## WENN PFERDE KOMPLIMENTE MACHEN

Treten Sie mit Ihrer positiven Energie an ein Pferd und strahlt Ihr Körper Zuversicht, Gleichgewicht und Achtsamkeit aus, dann wird Ihr Pferd genau das spiegeln. Pferde suchen niemals Kontakt zu Spannungsfeldern, zu Stressoren oder emotionalen Schwergewichten. Ein Pferd ist immer um sein inneres und äußeres Gleichgewicht bemüht. Wenn der dazugehörige Mensch sich mit Frustration und Missmut belastet, dann ist das Gleichgewicht gefährdet. Nehmen Sie es als Kompliment, wenn Ihr Pferd Ihre Nähe sucht und gern, auch aus eigenen Stücken, bei Ihnen ist. Erwidern Sie diese Komplimente aufrichtig und ausgiebig. Und vor allem: Genießen Sie sie, denn sie kommen aus einem riesengroßen Herzen.

*»Zuversicht ist wie eine Pflanze im Herzen, die wir täglich pflegen sollen.«*

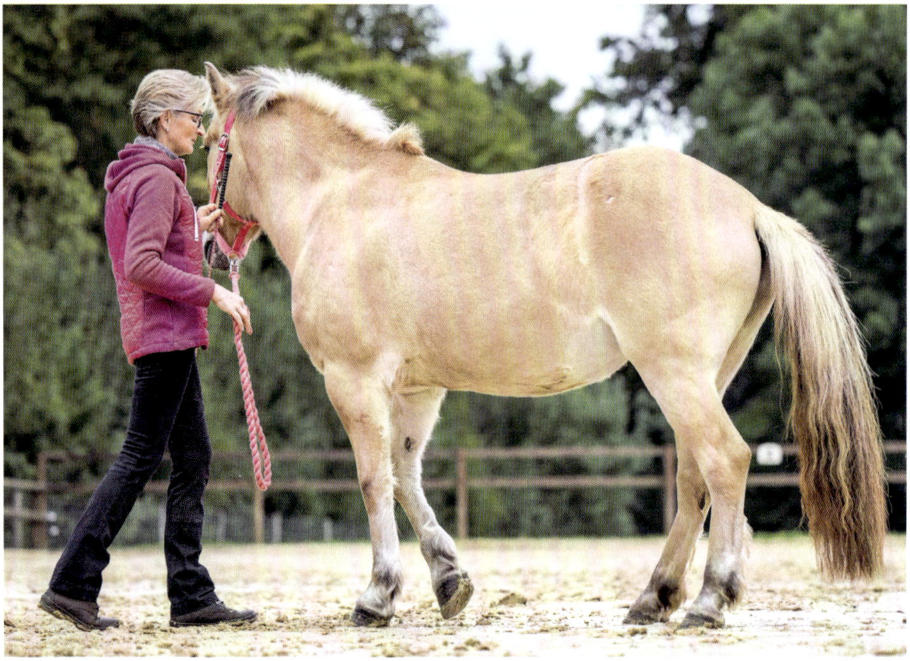

*Die Basis jeder Partnerschaft – Richtung, Raum und Regulativ – sollte immer wieder überprüft werden ...*

## AUS DER PRAXIS

Suzanne ist seit über zehn Jahren meine Schülerin, mit Hunden und Pferden.
Sie war die Ausnahme der Regel, dass Menschen sich so häufig über Ihr Tier beschweren. Da stand sie vor etlichen Jahren vor mir und versuchte, ihre Fjord-Stute Flocke während unserer ersten Pferdesitzung zu kontrollieren. Die kleine Norwegerin aber zog es vor, entweder nach Suzannes Füßen zu tapsen, sie umzuschubsen oder wegzuziehen. Auf meine Frage, was Sie sich in dem Training wünschen würde, erwiderte sie: „Alles!" Sie lachte hinter ihrer bunten Brille, die farblich genau zu ihrer Jacke passte, und versuchte, ihre sturköpfige Stute irgendwie zu bändigen. Sie erzählte, dass dieses Pferd ein Hochzeitsgeschenk war, wie toll sie es finden würde und wie begeistert sie von seiner Erscheinung sei. Sie war einfach total verliebt in ihre charakterstarke Stute und wollte alles lernen.

### Flocke droht

Sowie die Norweger-Stute es schaffte, riss sie sich los und rannte in die nächste Ecke. Dort drehte sie zielsicher ihre Kruppe in Suzannes Richtung. „Rangierabstand einhalten", war ihre klare Anweisung. Es brauchte immer etwas Überredungskünste, sie da wieder herauszubasteln. Dieses Pferd hatte einen kurzen, festen und sehr starken Hals, auf dem sich ein etwas eigensinniger Kopf befand.
Suzanne hatte ihr kräftemäßig nichts entgegenzubringen. Das wusste Fräulein Flocke bereits, und durch diesen Umstand war das Außen nicht sicher. Suzanne konnte Flocke einfach nicht gut begrenzen. Wenn es der Stute in den Sinn kam, machte sie sich schnurgerade und stemmte ihren Menschen mit der inneren Schulter weg, um davonzurasen. Suzanne frustrierte das nicht. Sie suchte nach Lösungen, es besser zu machen. Zunächst rüsteten wir das Pferd mit einer Führkette aus, die unter

*... durch freundliches Raum fordern und geben.*

dem Kinn verlief. Damit hatte Suzanne ein etwas stärkeres Argument gegen Flocke, eben nicht einfach über Kraft zu stemmen.

### Binden, begrenzen, aktivieren

Suzanne zog nicht an der Kette, konnte aber damit sehr gut gegenhalten und somit Flockes Außen verschließen. Sowie Flocke nach innen orientiert war, schulte Suzanne sie leidenschaftlich in der Lobbarkeit. Es waren die ersten Schritte, die den Dialog zwischen den beiden ermöglichten. Nach ein paar Sitzungen legte Flocke grundsätzlich diese starke Form des Wegdrängens ab. Suzanne erlernte, immer früher die Bewegungsintention des Pferdes zu erkennen und die Tür nach innen zu öffnen, durch ein kleines Raum geben sowie ein Anhalten oder Wenden. Mit dem Wenden erklärte sie ihrem Pferd, dass sie durchaus in der Lage war, Türen zu verschließen und über Raum und Zeit zu dominieren. Die Fjord-Stute ließ sich darauf ein.

### Richtung, Raum, Regulativ

Ich bin davon überzeugt, dass es Suzannes vorwurfsfreie Art war, ihre positive Ausstrahlung ihrem Pferd gegenüber, ihre verspielte Einstellung, die Flocke immer wieder ins Boot holte. So war genau das unser erster Schritt: die Zugewandtheit des Pferdes zu erarbeiten. Dem folgte das Führen. Von links war es leicht, aber von rechts machte die Stute wieder dasselbe Fass auf wie in unserer ersten Sitzung. Nun kannte sich Suzanne besser aus und konnte der Idee des Wegdrängens prompt und mit guten Argumenten begegnen. Schnell verstand Flocke, dass es rechts genauso läuft wie links und Wegdrängen keine Lösung ist. Sie lernte, den Raum neben Suzanne einzuhalten, ließ sich auf ihre Richtung und Spur ein und nahm ihren Menschen als Regulativ mehr und mehr an.

### Fitness für Flocke

Auch dieses Pferd musste dringend Muskulatur aufbauen, Kraft entwickeln. So schließt sich immer wieder derselbe Kreis für Sie als Leser: Wir schulen die innere Anbindung, die Komfortzone, die Spur und dann die Kraft, wollen wir doch, dass die Pferde in unseren Händen schöner werden. Durch Cavaletti-Training, kommunikatives Longieren und Ausritte bekam die Norwegerin eine tolle, sportliche Figur. Es war wie ein Glücksrad, an dem Suzanne drehte. Je besser dieses

*»Tun, was Du magst, ist Freiheit. Mögen, was Du tust, ist Glück.«*

*Mit spielerischer Konsequenz schwierige Lektionen zu schulen, erzeugt eine tiefe Bindung.*

Pferd bei ihr blieb, umso besser konnte sie es auslasten. Je besser Flocke ausgelastet war, umso lieber blieb sie bei ihrem Menschen. In der Hand- und Bodenarbeit ging es schnell voran. Das Kompliment war mühelos erklärt. Doch beim Ablegen trafen wir den alten Bekannten, den Funktionskreis Drängen/Bedrängen in aversiver Art, wieder.

---

**RANDNOTIZEN: FLOCKE UND SUZANNE**

**Das Team**
Flocke, Fjordpferd, Stute, 12 Jahre
Suzanne, ambitionierte Freizeitreiterin

**Funktionskreise/Räumliche Sprache**
- Drängen/Bedrängen
- Abwehr, passives Drohen

**Ausdrucksverhalten**
Fester Körper, etwas Blindtext

**Der Trainingsweg**
- Ausdrucksverhalten des Pferdes einlesen und adäquat darauf reagieren
- Lobbarkeit schulen, Bindung erarbeiten
- Abgrenzbarkeit erarbeiten, Räume klären, Spur halten
- Bodenarbeit, Freiarbeit und Krafttraining

---

Suzanne brachte Flocke in das Kompliment und fragte, ob sie das zweite Bein auch einknicken konnte, um ins Knien zu kommen. Flockes Antwort darauf war ein ganz klares „Nein". Sie schoss hoch, riss sich los und stellte sich mit dem Kopf in die Ecke. Suzanne holte sie nun nicht ab wie früher. Sie ertastete die Aktivierungszone, also den Abstand, der dazu führte, den kleinsten Einfluss auf das Pferd zu nehmen. Sie blieb bewusst aus der Verteidigungszone. Dann wendete sie ihre Achse in die gewünschte Laufrichtung und sagte: „Und an". Flocke schaute über die Schulter und setzte sich dann in die gewünschte Richtung in Bewegung. Suzanne ging innerhalb der Bahn auf Schulterhöhe mit und näherte sich der Stute sehr kleinschrittig. Als sie etwas näherkommen konnte, ohne dass Flocke an Tempo zulegte, sagte sie: „Und halt". Flocke blieb stehen. Sie hatte diese Signale bereits aus dem Führen gelernt und verstanden. Nun konnte Suzanne zu ihr gehen, um sie mit Lob zu fluten.

### Das Pferd überzeugen

Es war ein Misserfolg, dass Flocke sich die eigentlich verschlossene Tür aufgestoßen hatte, dass das Knien nicht funktioniert hatte – aber es war ein riesengroßer Erfolg, dass der ritualisierte Konflikt von früher nun im friedlichen, fast liebvollen Dialog geklärt werden konnte. Es war der Moment, in dem Suzanne das erste Mal ein Stück in Richtung Freiarbeit ging. Sie hat die dreidimensionale Sprache angewandt, war eindeutig, hat das Pferd nicht bedroht, sondern aktiviert, hat Flocke die Räume und den Weg gezeigt, den sie als Team gehen sollten. Es war für beide ein echtes Aha-Erlebnis.

Beim nächsten Versuch, Flocke abzulegen, sicherte ich sie mit einer Longe, um im Ernstfall dafür zu sorgen, dass Mensch und Pferd im Klassenzimmer blieben. Sie machte noch zwei-, dreimal den Versuch, mit aversivem Wegdrängen zu antworten, fand dann aber die Lösung und legte sich in Suzannes Händen ab.

Wir trainierten nun bereits seit einem halben Jahr und ich habe Suzanne ausschließlich lachend und fröhlich erlebt. Aber in diesem Moment, als ihre Stute sich für sie ablegte, wirkte es, als wäre da ein Schleier in ihren Augen. Dieser kleine Moment war plötzlich riesengroß. Nur Pferdemenschen verstehen, wie groß kleine Momente wirken, nur Pferdemenschen können ermessen, was das heißt.

### Vertrauen selbst gemacht

Es war Suzannes Einstellung zu diesem Pferd, die jedes einzelne Training mühelos hat werden lassen. Es war ihre ansteckende Lebensfreude, die so viel positive Energie auch in schwierige Momente hat fließen lassen, und es war ihre unehrgeizige Art, die eine unfassbare Vielfalt in ihre Ausbildung gebracht hat. Ja, sie musste ihrem vierbeinigen Frechdachs die Räume erklären, die Distanzen regulieren und das Zuhören schulen. Sie hat jeden Schritt der Ausbildungsskala erarbeitet und mit Erfolg absolviert. Sie hat gelernt, mit Flocke zu spielen und ebenso, wie sie dieses kleine Fjordpferd für das Piaffieren, Ablegen, Flachlegen, für die Freiarbeit und das Fahrradtraining gewinnen konnte.

Der Weg ist bei allen der gleiche – nur dass Suzanne ihren Weg im wahrsten Sinne des Wortes farbenfroh gestaltet hat.

## HEIMAT GEBEN

Stellen Sie sich das Gefühl von einem schönen Zuhause vor. Einem Ort, an dem Sie sein können, wie Sie sind, und genauso geliebt, respektiert und verstanden werden. Ein Ort, der sich anfühlt wie eine warme Küche mit dem Duft von selbstgebackenem Kuchen und einer Tasse Kakao mit Sahne. Seien Sie Ihrem Pferd so ein Zuhause, vorwurfsfrei und liebevoll. Trainieren Sie Ihre Gedanken und nehmen Sie sie vielleicht ein Stück weit aus dem Stall mit in die große, weite Welt.

### TRAININGSTAGEBUCH

Motivieren Sie sich und Ihr Pferd:

- Beschreiben Sie jeden Tag sieben positive Dinge Ihrer Arbeit mit dem Pferd.
- Suchen Sie sich nur einen Kritikpunkt und forschen Sie nach dem Ursprung.
- Arbeiten Sie nur an einer Baustelle.
- Überlegen Sie, was auch Sie selbst gut gemacht haben.
- Folgen Sie den Momenten, die sich gut angefühlt haben, und speichern Sie diese als Erfolgskonzept ab.

*Ziel erreicht: eine echte Freundschaft mit sechs Beinen*

*Die echte Zugewandtheit von Individuen unterschiedlicher Gattung erzeugt unweigerlich Glück.*

# DIE FREIARBEIT

Es war der Beginn der Freiarbeit, den wir bei Suzanne und Flocke beobachten konnten. Die Freiheitsdressur ist einer der Momente, in denen das Handwerk der Glücksschmiede zur Kunst wird. Was genau ist es, was eine gelungene Freiarbeit in uns auslöst? Ist es die Offenbarung des echten Dialoges zwischen Mensch und Pferd, die verbindliche Kommunikation, das respektvolle, zwanglose Miteinander, welches zusammenspielt wie ein wunderschöner Tanz, voller Energie und Eleganz? Oder ist es das unsichtbare Band, das zwei Wesen miteinander verbindet? Vielleicht ist es auch die echte Zugewandtheit zweier Individuen unterschiedlicher Gattung.

*»Frage mich nach der Poesie in der Bewegung, Schönheit und Kraft, und ich zeige Dir ein Pferd.«*

*Konfuzius*

## WENN AUS HANDWERK KUNST WIRD

Ein Pferd mit feinsten Hilfen zu reiten, seine Kraft zu spüren, die Dynamik des Körpers wahrzunehmen, das erzeugt in uns Pferdemenschen Glück. Nehmen wir dann das Lederzeug ab, rufen eben dieses Pferd zu uns und es kommt mit einer wunderschönen Selbsthaltung frei und gern – dann empfinden wir in diesem Moment zusätzlich Demut und Liebe.
Doch was genau ist Freiarbeit? Es ist in der Tat die Möglichkeit, die Bewegung des Pferdes dirigieren, lenken, ja, auch manipulieren zu können. Es ist die Fähigkeit, den Geist einer anderen Kreatur zu fokussieren. Diese beiden Punkte sind bei gelungener Freiarbeit das Resultat einer geschulten Ansprechbarkeit sowie einer gut geschulten räumlichen Sprache.
Wenn es fertig ist, sieht es einfach aus. Das ist im Übrigen immer so, wenn es um Kunst geht. Man sollte noch nicht einmal erahnen, wie weit, wie aufwendig, wie tiefgreifend der Weg zum Resultat war. Dennoch ist die Freiarbeit im Grunde genommen gar nicht so schwierig, baut man sie systematisch und ordentlich auf. Es entspricht der Natur der Pferde, Spur zu halten, sich anzuschließen, das haben wir in dem Kapitel über Bindung gelernt. Also machen wir uns die Naturgesetze der Sprache wieder einmal zunutze.

Der Weg zur Freiheit führt nicht über die Freiheit. Schauen wir auf den Weg dorthin: Was brauchen Sie, um mit der Freiarbeit zu beginnen? Zunächst einmal keine Freiheit, sondern einen sicheren Rahmen, eine feste Einzäunung, Halfter und Strick sowie eine Gerte. Sie erarbeiten die Grundlagen der vier Säulen (Seite 36) sowie das System des Führens.
Haben Sie das fertig geschult, beginnen wir mit den Räumen: Raum halten, Raum fordern, Raum geben. Dann brauchen Sie das Wenden. Dieses Wenden ist der Schlüssel zur Freiheit, denn damit sind Sie in der Lage, das Außen für das Pferd immer dann zu verschließen, wenn seine Bewegungsintention dorthin steuert.

## RÄUME DEFINIEREN

Stellen Sie sich vor, rechts sowie links von Ihnen gibt es je einen Raum. Vor Ihnen ist ebenso ein Raum. Den nennen wir die Küche, denn hier ist der Raum, in dem es immer Komfortzonentraining gibt. Wenn wir die Pferde führen, dann sollen sie entweder in dem rechten oder in dem linken Raum neben uns her gehen. Dass das ein Naturgesetz ist, hat uns unsere Stute Daily (Seite 60) genauestens erklärt. Die seitliche Position gibt dem Pferd Sicherheit und Spur. Die Spur wiederum ergibt sich aus der

*Räumliche Organisation sowie …*

*… Kommunikation sind Basis der Freiarbeit.*

Himmelsrichtung. Merken Sie sich am besten folgende, einfache Formel: erst die Richtung, dann der Raum und am Ende der Radius. Das bedeutet, dass Sie lernen in Richtungen (mit und gegen den Uhrzeigersinn), in Räumen (rechter Raum, linker Raum) und in Distanzen (wie nah ist mein Pferd zu meiner Position) zu denken. All das lernen Sie in der Freiarbeit zu erkennen und zu steuern. Fordern Sie Raum von Ihrem Pferd, dann bewegen Sie sich auf das Buggelenk zu mit dem Signal „Und an" und bitten es, Ihnen etwas auszuweichen. Das sind die allgemeinen Basisübungen, die Ihr Pferd bereits in der Grundschule lernt und beschreibt eine der vier Säulen, die das Gerüst der gesamten Ausbildung tragen: die Abgrenzbarkeit.

## DAS FÜHREN

Sie führen, wie bereits beschrieben, Ihr Pferd immer an der Schulterposition, denn von hier aus können Sie

— Ihr Pferd gut lesen,
— es vorn wie hinten gut erreichen und
— Sie befinden sich in einer eher treibenden Position zu Ihrem Pferd.

Diese Position allein enthält die Möglichkeit, über Raum und Zeit zu dominieren. Führen Sie das Pferd ohne Kraft, und schulen Sie im Führen bereits die Signale zum Losgehen, zum Anhalten und zum Wenden. Die akustischen Signale im Führen sind zum Beispiel „Und an" sowie „Und halt". Für das Wenden benutzen wir „Und wenden" (Vokabelheft Seite 74).

**020**
Zum Film: Das Wenden und Folgen

## DAS WENDEN

Sie stehen links neben Ihrem Pferd an dessen Schulter. Nun wenden Sie Ihre Achse dem Pferd zu, halten in der linken Hand die Gerte, in der rechten den Führstrick. Mit der Gerte verschließen Sie, während Sie sich dem Pferd zuwenden, den Raum vor dem Pferd und geben das akustische Signal „Und wenden". Ihre Füße halten den Raum, das heißt, dass Sie sich nicht vom Fleck bewegen, aber um die eigene Achse drehen. Ihr Pferd wird nun an Ihrem Körper vorbei die Seite wechseln, sodass es auf Ihrer linken Seite rauskommt und Sie rechts von ihm stehen.
Es ist ein Moment der Zuwendung und für manche Menschen eine kleine motorische Herausforderung: Die Füße sollen den Raum halten, der Körper dreht sich auf der Stelle im Uhrzeigersinn um die eigene Achse und die Hände müssen auf der Hälfte Strick und Gerte tauschen, damit die Gerte wieder außen ist. Wenden Sie von dem linken in den rechten Raum, dann drehen Sie sich gegen den Uhrzeigersinn um die eigene Achse. Es ist sinnvoll, diese Übung erst einmal mit einem anderen Menschen im Rollenspiel zu üben, damit die Abläufe sicher sind und die räumliche Sprache für das Pferd schnell eindeutig wird.

## RAUM GEBEN UND DER SOG NACH INNEN

Und nun bewegen Sie sich vom Pferd weg und fordern es auf, Ihnen zu folgen. Sie geben also Raum, als ob Sie Ihr Pferd auf Ihre Eisscholle einladen würden. Im Kopf des Pferdes wollen wir Folgendes erzeugen: Ich kann dein Außen verschließen, dich in eine andere Richtung aktivieren und bin dir sofort zum Wohl. Sie merken, dass es immer um ein Wechselspiel der Dominanzen gehen sollte. Es wäre nicht klug, das Pferd zu wenden, um danach Raum zu fordern. Das würde keinen Sog nach innen erzeugen. Also wenden Sie Ihr Pferd, um es einzuladen, näherzukommen. Nutzen Sie diesen natürlichen Sog nach innen, um das Pferd für Sie zu begeistern.

# DAS KOMMUNIKATIVE LONGIEREN

Haben wir das Wenden beim Führen fertig, bauen wir es beim kommunikativen Longieren ein. Es ist genau derselbe Ablauf, nur mit etwas mehr Stricklänge. Üben Sie das bitte erst nur im Schritt, in Ruhe und mit einem sicheren Außen auf einer kleinen Volte. Vergrößern Sie erst die Distanz zum Pferd, wenn es zuverlässig auf das Signalwort die Richtung wechselt. Longieren und kommunikatives Longieren habe ich in meinem Bestseller: „Wenn Pferde Komplimente machen" ausführlich erklärt, ebenso werden dort die Grundlagen des Führens nochmals sehr detailliert beschrieben.

## KOMMUNIKATIONSWEGE NUTZEN

Es ist der Lernprozess der Kommunikationswege, den wir hier noch einmal gemeinsam beleuchten können. Schulen wir zu Beginn das Wenden, geben wir dem Pferd erst ein räumliches (mit der Gerte den Raum verschließen), dann leibliches (die Achse dreht sich in die neue Bewegungsrichtung) und zum Schluss akustisches („Und wenden") Signal. Mit zunehmender Zuverlässigkeit und Leichtigkeit wandeln wir die Kommunikationswege. Unser Ziel ist die Freiarbeit, in der wir die akustische Signalgebung deutlich brauchen.

Wir wandeln die Kommunikationswege also in ihrer Reihenfolge: Geben Sie zunächst das Signal „Und wenden" und halten Sie erst dann die Gerte vor die Laufrichtung Ihres Pferdes. Wenden Sie selbst Ihre Körperachse in die neue Laufrichtung, schauen Sie dorthin, wo das Pferd hin soll. Das heißt: Erst das akustische, dann das leibliche und zum Schluss das räumliche Signal.

## GUTES ZUHÖREN

Sie erreichen damit, dass Ihr Pferd Ihnen sehr gut zuhören wird. Jedes Mal, wenn Sie erkennen, dass es sich nach außen orientiert,

*Im kommunikativen Longieren erarbeite ich die Zuwendung …*

*… und schaffe durch das Wenden einen Sog nach innen …*

*… so, dass das Pferd den Lösungsweg nach innen abspeichert.*

*Öffne ich körpersprachlich die Tür zu mir, dann folgt mein Pferd dem Sog nach innen.*

wenden Sie es nach innen. Das schult Ihr räumliches Denken ebenso wie die Ansprechbarkeit Ihres Pferdes. Ihr Pferd wird merken, dass Sie das Außen verschließen können und ihm ein neues Innen geben. Das hat eine große Wirkung auf die Bereitschaft, sich von Ihnen lenken zu lassen. Es bekommt den Eindruck, dass Sie ebenso gut räumlich rechnen können wie das Pferd selbst und durchaus über Raum und Zeit dominieren. Und nebenbei spürt es, dass Ihre Dominanz sehr angenehm ist, denn Sie geben den Raum immer wieder zurück und schaffen wunderbare Komfortzonen.

## DAS ABRUFEN

Für das Abrufen benutzen wir wiederum zwei Säulen der Grundausbildung: die Ansprechbarkeit sowie die Lobbarkeit.
Der Name des Pferdes ist die sogenannte ziehende Hilfe. Ihn hat Ihr Pferd ganz zu Beginn der Ausbildung im Rahmen der ersten Säule, der Ansprechbarkeit, gelernt und verstanden (Seite 37).
Wollen Sie, dass Ihr Pferd zu Ihnen kommt, dann rufen Sie es beim Namen und gehen rückwärts. Mit der Gerte verschließen Sie wie beim Wenden die Laufrichtung auf der Zirkellinie vor Ihrem Pferd, so, dass geometrisch fast ein Tortenstück entsteht. Es wirkt wie bei einem Fluglotsen, der ein Flugzeug einparkt: Sie geben den Raum, in den Ihr Pferd hineinfinden soll, frei und nutzen den Sog aus dem Wenden und Folgen nach innen. Diese Wege kennt das Pferd aus dem Wenden. Es ist wie ein viertel Wenden, ein Einparken. Ihr Pferd wird sich Ihnen daraufhin zuwenden, und da Sie Raum geben, wird es Ihnen folgen. Hat es Sie erreicht, bieten Sie ihm in der „Küche" (dem Raum vor Ihrer Front) erst einmal eine ordentliche Komfortzone an. Dann geben Sie ihm die Schulterposition, also den Raum, in dem Sie es danach haben wollen. Hier beginnen Sie mit der Lobbarkeit.
Bis hierhin sind die ersten drei Säulen Ihrer Ausbildung – oder nennen Sie es die ersten drei Werkzeuge Ihrer Glücksschmiede: Ansprechbarkeit, Lobbarkeit und auch die Abgrenzbarkeit – deutlich zum Einsatz gekommen. Fehlt nun noch die vierte.
Ganz spielerisch erlernt Ihr Pferd so, sich in den Räumen zu bewegen, die Sie ihm vorgeben. Alles noch mit Halfter und Führstrick gesichert. Alles in einem sicheren Klassenzimmer. Alles in absoluter Ruhe.

021
Zum Film:
Das Abrufen

### ABRUFEN ALS KEHRTWENDE

Hat das Pferd die Ansprechbarkeit, die Lobbarkeit und das ganze Bindungsprogramm verinnerlicht, beginne ich mit dem Abrufen in der Kehrtwende. Die übe ich innerhalb des Bindungstrainings mitten in der Halle. Nach einem gründlichen Warm-up stelle ich mich zum Üben der Lobbarkeit hinter meinen vierbeinigen Freund und kraule ihm die Schweifrübe. Rechts und links vom Schweifansatz finden wir besonders viele Oxytocin-Drüsen, fast schon Depots, gefüllt mit diesem Entspannungshormon. Im Rahmen der Lobbarkeit hat das Auskraulen der Schweifrübe einen hohen Stellenwert. Vielleicht haben Sie es auch schon bei Ihrem Pferd beobachten können, dass es gerne antiparallel zu seinem Kumpel steht, also Kopf an Schweif, und beide emsig damit beschäftigt sind, sich die Schweifrübe zu kraulen. Ein wunderbares Bindungsritual unter richtig guten Freunden. Das können wir uns abschauen. Zu gerne befrage ich meine Pferde nach dem Reiten zu ihrem Einverständnis, indem ich ihnen die Schweifrübe auskraule. Hebt diese sich an, kann das Pferd innerlich loslassen, nehme ich es gerne als Kompliment und freue mich auf den nächsten Tag. Ist dem aber nicht so, dann reflektiere ich mein Training und schaue, was ich verbessern kann.
Nun aber zum Abrufen. Das Bindungstraining und Komfortzonenritual ist ja nur eine Vorbereitung hierzu. Ich stelle mich also hinter mein Pferd und aktiviere die Schweifrübe. In dem Moment, in dem das Pferd richtig loslässt, höre ich auf. Hier treffen wir wieder auf den Slogan: „Aufhören, wenn es am besten ist", und gehen, dem Pferd zugewandt, einen Meter nach hinten weg. Wir geben also Raum. Ich drehe nun meinen Oberkörper so, dass ich meinem haarigen Kollegen die Schulter, also den Raum anbiete, in den er kommen soll, und rufe ihn beim Namen. Durch Halfter und langen Führstrick gesichert kann ich verhindern, dass mein Pferd eine andere Route berechnet als die, die direkt zu mir führt. Da das Bindungsritual gerade richtig gut ankam, wird mein Pferd sich zu 100% auf das Raum geben und die Aussprache des Namens hin umdrehen und zu mir kommen. Ist es gelandet, dann gibt es unmittelbar mehr von diesem wunderbaren Bindungsritual.

## DAS ZUGEWANDTE PFERD

Sie sehen, die Zuwendung, das Zuwenden, der Sog nach innen, eben der freie Anschluss, ist elementar in der HarmoniLogie® und somit auch in der Freiarbeit. Zugewandtheit ist ein Lernprozess. Sie kann Folge der natürlichen Bindung sein, jedes für ein Leben gebundene Paar ist sich immer wieder zugewandt, sie kann aber auch das Resultat intensiver Bindungsarbeit und gelungenen Trainings sein. Denn ein gelungener, funktionierender Dialog basiert immer auf dem Prinzip der Zugewandtheit. Und bedenken Sie als angehender Glücksschmied, dass Ihr Werkzeug, nämlich die Ansprechbarkeit sowie die Lobbarkeit, Ihnen hilft, die Zugewandtheit zu erreichen.

*Dem Pferd ein Zuhause sein auf Grund gelungener Bindung*

## ☞ DIE GEOMETRIE DER SPRACHE

Die Art und Weise, wie wir Menschen uns mit unserem Körper ausdrücken, also unsere leibliche Sprache, wie wir die Räume erkennen und regulieren, sorgt dafür, dass das Pferd uns mit Leichtigkeit versteht.

Die folgenden Beispiele zeigen die unterschiedlichen Positionen des Menschen beim Führen. So legt eine gute und eindeutige, systematische Basisarbeit den Grundstein für den Weg in die Freiheit.

*Ein weicher, entspannter Körper, der den Raum an der Schulter des Pferdes hält, bedient die Lobstellen des Pferdes.*

*Wollen wir Raum geben, dann zeigt die Achse des Menschen in die Richtung, in die das Pferd gehen soll. Ein Stimmsignal kann unterstützen.*

*In der treibenden Position zeigt die Körperachse in die gewünschte Bewegungsrichtung und bewegt sich auf den Rippenbogen des Pferdes zu.*

*Beim Wenden verschließt die äußere Schulter die Bewegungsrichtung des Pferdes, die Achse des Menschen wendet sich in die neue Richtung.*

*Beim Raum fordern verschließt die äußere Schulter des Menschen den Weg, und die Achse fordert den Raum des Pferdes.*

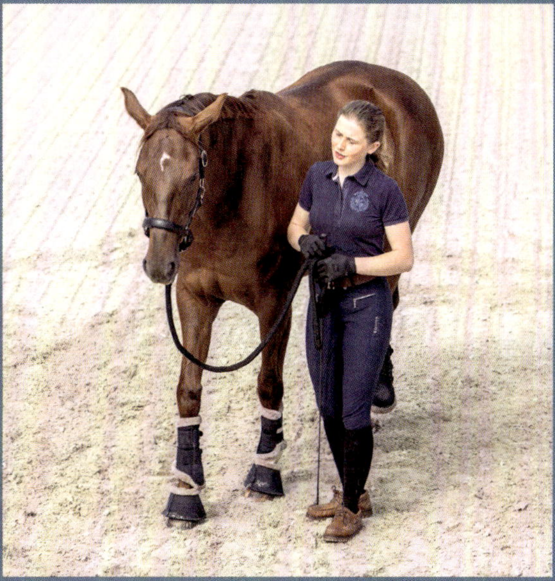

*Beim Raum halten gibt der Körper des Menschen ruhig und klar sowohl die Richtung als auch den Raum vor. Das gibt dem Pferd Sicherheit.*

*Räumlich und leiblich ist es derselbe Vorgang, ob wir mit oder gegen den Uhrzeigersinn wenden, eben nur spiegelverkehrt.*

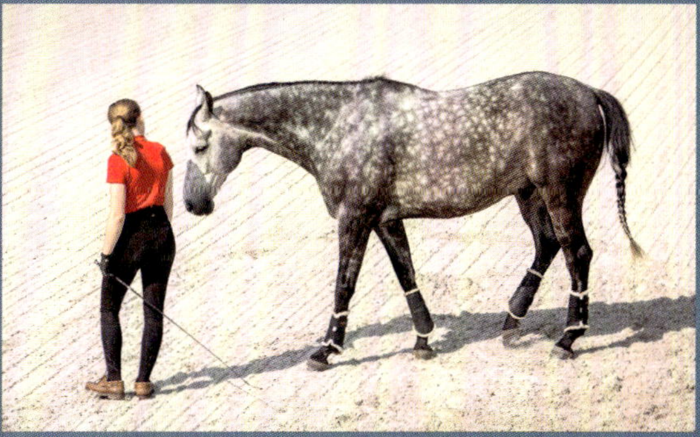

*Beim Einladen gibt der menschliche Körper Raum und bietet dem Pferd eine Schulter als „Landeplatz“ an. Und dann wird gelobt!*

## DIE STÖRBARKEIT

In dem Moment, in dem Ihr Pferd nach außen drängt, sagen Sie ganz ruhig und freundlich ein Störsignal wie „Nein, nein, nein", blockieren mit dem Strick das Außen und mit der Gerte den Raum vor dem Pferd. Hier ist nun entscheidend, dass Sie dabei Ihren Raum halten, das Pferd nicht bedrohen und ihm Zeit geben, Berechnungen über eine neue Route anzustellen. Sie benutzen dann das Signal „Und wenden", um Ihrem Pferd in die Lösung zu helfen. So lernt Ihr Pferd, sich auf das Störsignal unterbrechen zu lassen und sich Ihnen wieder zuzuwenden. Das Störsignal ist später Gold wert, wenn Sie Ihr Pferd im Fehlverhalten unterbrechen und neu orientieren wollen. Auch, wenn wir das Wenden bereits kennen, geht es hier darum, Ihrem Pferd das Störsignal mit Lösungsvorschlag als neue Vokabel zu erklären.

**022**
Zum Film: Das kleinste Bindungsspiel

### DIFFERENZIERTES STÖREN

Sie erinnern sich sicher auch an die differenzierte Störung (Seite 42). Hier wiederholen wir den Vorgang kurz, damit es sich in Ihrem Sprachgebrauch manifestiert: Wir differenzieren so zwischen den Störsignalen.

1. Das „Na", welches Sie bereits aus dem Führen kennen, bedeutet, dass ich das Pferd gleich berühren werde. Es ist die Orangephase der Ampel in der treibenden Hilfe.
2. Das „Nein, nein, nein" ist ebenso eine Orangephase der Ampel und soll das Pferd darauf aufmerksam machen, dass ich gleich eine Tür vor ihm verschließen werde. Dieses Störsignal schule ich dann, wenn das Pferd im räumlichen Ausdrucksverhalten nach außen drängt und ich es im nächsten Moment wenden werde.

## RICHTUNG UND RAUM

Beginne ich, mit den Pferden frei zu arbeiten, und habe ich die eben beschriebenen Lernschritte abgeschlossen, fange ich damit an, in einem Paddock oder Roundpen mit einer Größe von 15 x 15 m auf Schulterhöhe das Pferd frei zu führen. Akustisches Signal: „Und an", leibliches Signal: frontal gerichtete Achse, räumliches Signal: den Raum neben dem Pferd haltend.
Zunächst entscheide ich, ob wir mit oder gegen den Uhrzeigersinn laufen wollen. Ich

*In Räumen denken und sie dem Pferd vorgeben …*

*… bedeutet räumlich zu kommunizieren.*

gebe also erst die Richtung vor und habe das Pferd vor meiner treibenden Achse. Danach gebe ich den Raum vor, also ob es in meinem linken oder rechten Raum sein soll, ob ich es wenden oder sogar etwas von der Bande lösen will. Ich baue mit zunehmender Sicherheit das Wenden mit ein. Durch das Wenden beeinflusse ich das Außen, ich kann es verschließen, da mein Pferd gelernt hat, die neue Route über den Weg zu mir zu wählen und nicht nach außen wegzudrehen.

### NUR EINE VARIABLE VERÄNDERN

In diesem kleinen Klassenzimmer klappt es wahrscheinlich schnell richtig gut. Man fühlt sich wie der König der Freiheit und wird gern übermütig. Es ist der Moment, in dem die meisten Menschen die größten Fehler machen: Man wagt zu schnell zu viel und gibt dem Pferd die Chance, nicht nach innen, sondern auch nach außen zu rechnen und die falsche Route zu wählen. Der Umgang mit der Freiheit braucht System und Zeit. In der Weiterentwicklung sollte ich nur kleine Schritte wagen. Es gibt verschiedene Variablen, die ich verändern kann. Wenn ich z. B. das Ambiente, die Distanz oder die Außenreize verändere, dann kommen Halfter und Führstrick wieder zum Einsatz.

*Durch gezielt gearbeitete Lobbarkeit …,*

*… durch ein Raum geben und selbstständiges Nachfolgen …,*

*… wird der Weg zu mir zur eigenen Idee des Pferdes.*

## DAS KLEINSTE BINDUNGSSPIEL

Der Glücksbringer in diesem Training ist ein sehr unkompliziertes Spielchen, welches wir mit unseren Pferden jeden Tag machen. Wir nennen es „Das kleinste Bindungsspiel“. Jeder kann es immer und überall anbringen. Es wirkt wie das Salz in der Suppe. Stellen Sie sich neben Ihr Pferd und beginnen Sie, es zu kraulen. Loben Sie, bis das Lob wirkt und das Ausdrucksverhalten Ihres Pferdes eindeutig auf Wellness zeigt. Dann hören Sie unvermittelt auf und gehen einen halben Meter zur Seite. Bleiben Sie Ihrem

*»Bindung ist wie ein Muskel – trainiere ihn.«*

Pferd zugewandt. Ihr Pferd wird Ihnen folgen und sie um eine Fortsetzung der Wellnessoase bitten. Und genau das tun Sie dann auch. Sie kraulen wieder, bis das Ausdrucksverhalten voll entfaltet ist, und geben dann wieder Raum. Dieses Spiel können Sie ohne Limit arbeiten. Mit zunehmender Zuverlässigkeit Ihres Pferdes verändern Sie den Winkel und die Distanz, so, dass Ihr Pferd sich immer etwas mehr bemühen muss, an sein Glückshormon zu kommen.
Dieses kleinste Bindungsspiel bauen Sie so häufig wie möglich in Ihre Freiarbeit ein. Es ist wie das Intervalltraining beim Reiten, bei dem wir die Pausen nutzen, um für echtes, tiefes Wohl, Entspannung und innere Ruhe zu sorgen. Und denken Sie daran: Es ist kein Kuschelkurs, es ist Bindungsarbeit.

*Bindungsarbeit ist die gewinnbringendste Investition in einer Partnerschaft.*

## DAS FREIE LONGIEREN

Habe ich das freie Führen, Wenden und die Räume erklärt und befinde ich mich in einem kleinen Ambiente, 15 × 15 m, beginne ich das freie Zirkeln. So wie zuvor beim kommunikativen Longieren lasse ich mein Pferd einfach um mich herum gehen. Meine Achse wendet sich in die Richtung, in die es gehen soll. Es gilt wieder: Erst die Richtung, dann gebe ich den Raum vor und am Ende den Radius, also etwas mehr Distanz zu mir. Das akustische Signal ist „Und an", das leibliche ist eine treibende Geste und das räumliche ein Raum halten bis leichtes Raum fordern, aber dieses Mal nicht auf das Buggelenk, sondern auf die Hüfte des Pferdes gerichtet. Ich spüre die Aktivierungszone und halte diesen Druckpunkt ganz sensibel.
Mein Ausdrucksverhalten kennt das Pferd bereits aus dem kommunikativen Longieren. Wenn ich mein Pferd nun wenden möchte, dann bewege ich mich vor das Pferd, wende meine Achse in die neue Richtung und sage das ihm bekannte Signal „Und wenden". Achten Sie hier auf die Distanzen. Sie dürfen dem Pferd nicht zu nahekommen, sondern sollten den Abstand so wählen, dass es für Ihr Pferd leicht ist, die Wendung nach

innen zu machen. Nun studiere ich das Ausdrucksverhalten meines Pferdes, denn hier geht es wieder um die Bewegungsintention. Ich lasse mein Pferd so lange auf der Kreislinie, bis ich wahrnehme, dass es die äußeren Gliedmaßen mehr belastet, also über die äußere Schulter den Raum vergrößern möchte. Genau das ist der Moment, in dem ich es zur Zuwendung auffordere. Nach jedem Wenden gebe ich dem Pferd wieder Raum oder aber ich beginne mit einem kleinen Bindungsspiel. Es ist in der Tat einfach, ein Pferd für sich zu gewinnen, Bindung, Ansprechbarkeit und echte Zugewandtheit zu erzeugen. Der wichtigste Faktor ist dennoch der sichere äußere Rahmen sowie die stabile innere Bindung. Mit zunehmender Sicherheit beginne ich wieder nur eine Variable weiterzuentwickeln, zum Beispiel die Gangart. Vom Schritt zum Trab, und wenn es richtig gut läuft auch den Galopp. Die Signalwörter für die Gangarten sollten wir allerdings bereits im Basisaufbau des jungen Pferdes gut geschult haben, damit wir sie in der Freiheit auch anwenden können.
Ich konzentriere mich sehr auf den Fokus des Pferdes und rufe mein Pferd regelmäßig ab, um es auf mich zu konzentrieren, zu loben und Ruhe in das System zu bringen.

*Durch das wohlige Innen und sichere Außen erlernt das Pferd das freie Zirkeln.*

*Dabei folgt es den Räumen, die ich ihm körperlich zeige.*

## DIALOG IN FREIER SCHÖNHEIT

Verstehen wir Freiarbeit als Dialog auf einer Augenhöhe, als harmonisches Miteinander, dann werden die Pferde prächtiger, schöner, erhabener. Dann sehen sie frei aus, und nicht in unsichtbaren Ketten untertänig. Die Freiarbeit bietet uns ein System, in dem wir in der Lage sind, dem Pferd Räume und Wege zu zeigen, die es berechnen und aufsuchen kann. Es lernt in seinem Denken seine Laufwege, um seinen Menschen als Zentrum zu berechnen. Sein Mensch wird auf diese Weise sein Mittelpunkt, sein Zuhause, sein sicheres und weiches Innen. Und sein Mensch ist über das gute räumliche Denken und die ausgefeilte räumliche Sprache in der Lage, das Außen seines Pferdes abzugrenzen. Die Schonheit einer Beziehung wird sichtbar, eine freie Schönheit.

**023**
Zum Film: Kommunikatives Longieren und freies Zirkeln

*»In der Freiheit einen sicheren Rahmen und in einem sicheren Rahmen die Freiheit schenken.«*

*Ich will dein Lieblingsmensch sein, dir ein Freund.*

— Schaffen Sie ein weiches und wohliges Innen, und begrenzen Sie sicher und vorausschauend das Außen.
— Betreiben Sie intensiv Bindungsarbeit und Komfortzonentraining.
— Verändern Sie immer nur eine Variable, und bleiben Sie lange in einem sicheren Ambiente.
— Arbeiten Sie kurz und präzise, haben Sie die Leistungskurve im Blick. Hören Sie auf, wenn es am besten ist.
— Lesen Sie das leibliche Ausdrucksverhalten und gehen Sie auf jede Zugewandtheit, jedes aktive Angebot, jedes Kompliment positiv ein.

Beachten Sie, dass Sie, wenn Sie Nähe wollen, sich eher vom Pferd distanzieren und es auf Ihre Eisscholle einladen. Erzeugen Sie den positiven Sog nach innen. Wenn Sie Distanz wollen, dann sollten Sie auf das Pferd zugehen und in Ruhe und freundlich Raum fordern. Nicht andersherum.
Bedenken Sie: Es geht in der Freiarbeit nicht um einen unterwürfigen Soldaten, sondern um ein selbstbewusstes Individuum, welches bereit, ist mit Ihnen einen Dialog zu führen, räumlich, leiblich und akustisch. Das Pferd soll schöner werden in Ihren Händen. Das ist das Ziel des Glücksschmiedes.

## ANKER DER FREIARBEIT

— Lesen Sie in der Freiarbeit das räumliche Ausdrucksverhalten Ihres Pferdes und beginnen Sie frühzeitig, die Abwendung gegen Zuwendung zu tauschen.
— Arbeiten Sie die Räume, das Raum halten, das Raum geben und das Raum fordern.
— Achten Sie auf ein hohes Maß an Sprachhygiene, bringen Sie ein System in die dreidimensionale Sprache und reduzieren Sie Ihre akustische Sprache auf das absolut Notwendigste.
— Üben und überprüfen Sie regelmäßig die vier Säulen und drei Aspekte, denn sie sind das Fundament Ihrer Ausbildung.

## WAS MACHE ICH, WENN …

— mein Pferd sich nicht mir zuwendet?
— mein Pferd immer wieder ausbricht?
— mein Pferd im Lob nicht loslässt?
— mein Pferd sich hinter mir entzieht?
— mein Pferd immer in meinen Weg tapst?
— mein Pferd die treibende Hilfe nicht annimmt?
— mein Pferd nicht auf seinen Namen reagiert?

Auf all diese Fragen gibt es zunächst einmal eine Antwort: den Raum verkleinern, die Sicherung wie Halfter oder Strick nicht lösen, zurück zu den Basics. Überprüfen Sie, wo genau der Fehler passiert ist. Haben Sie die Räume gut genug erklärt? Zu früh die Sicherung losgelassen? Haben Sie deutlich auf Ihre Spur geachtet, Verschiebungen des Pferdes frühzeitig wahrgenommen und korrigiert? Haben Sie den treibenden Impuls korrekt nach der Ampel (siehe Seite 38) geschult, sodass Sie mit dem akustischen Signal auskommen? Haben Sie die Zonen (Aktivierungszone/Verteidigungszone) um Ihr Pferd herum gut erkannt und sorgfältig eingehalten? Haben Sie den Sog nach innen gefördert und Ihrem Pferd immer wieder den Weg nach Hause, zu Ihnen in die Küche, gezeigt?

## DIE MAGIE DER FREIHEIT

Ich habe mich schon oft gefragt, was genau das ist, was die Freiarbeit mit den Tieren in mir auslöst. Treibe ich beispielsweise meine große Schafherde mit mehreren hundert Tieren in Zusammenarbeit mit meinen Hunden auf neue Weidegründe, dann ist genau das Freiarbeit. Es ist sogar die Hohe Schule, und das soll nun bitte nicht überheblich klingen, denn hier wird nicht nur mit einer anderen Spezies gearbeitet, sondern mit insgesamt drei Gattungen kommuniziert. Es ist eine Triologie im Dialog. Auch wenn ich es seit einigen Jahrzehnten leidenschaftlich betreibe, verliert es nie, nicht einen einzigen Moment, an Magie.

Freiarbeit bedeutet, ohne Kraft, ohne direkte körperliche Einwirkung, absolut im direkten Dialog aufeinander Einfluss zu nehmen. Die Freiarbeit mit Hund und Herde umfasst gerne mal 20.000 kg Lebendmasse, ohne Peitsche, ohne Strick und ohne äußere Begrenzung. Nennen Sie es Abenteuer, Romantik oder einfach nur gelungene räumliche Kommunikation, gelungene Geometrie der Sprache.

Wenn ich dann neben meinem Berti stehe und die Freiarbeit stockt und rumpelt, dann denke ich oft, dass diese 600 kg doch irgendwie in meine Spur müssen. Zum Glück gelingt es mir dann auch immer, den Fehler zu finden, aber dieses Rechenexempel feuert meinen Ehrgeiz akut an.

So ganz frei sind die Tiere in der Freiarbeit ja nicht. Sie gehorchen. Frei wäre, wenn sie wirklich tun und lassen könnten, was sie wollen. Das muss uns immer klar sein und

**024**
Zum Film:
Die Freiarbeit

*Es ist ein wunderbarer Weg, das Einverständnis …*

*… des Pferdes zu holen und darauf eine Partnerschaft aufzubauen.*

*Die Naturgesetze der Sprache können wir am besten von den Tieren lernen. Wir brauchen ihnen nur zuzuhören.*

sollte uns anregen, die Gedanken einmal zu Ende zu denken. Dennoch hat die Freiarbeit eine besondere Magie und sie gehört, davon bin ich absolut überzeugt, auf den Stundenplan eines jeden Mensch-Pferd-Teams. In der Freiarbeit lernen wir Menschen, Räume, Distanzen und Ausdrucksverhalten schnell und gründlich einzulesen. In der Freiarbeit lernen wir ohne Zwang, ohne Körperlichkeit, einen echten Dialog aufzubauen, der geprägt sein muss von Achtsamkeit und Empathie. Und wenn ich diese Werte mit in den Sattel nehme, dann wird es ein Gewinn für das ganze Team.
In unserem Betrieb hat die Freiarbeit einen hohen und sogar alltäglichen Stellenwert. Auch wenn jedes unserer Pferde in ihr geschult wird, haben wir nicht den Ehrgeiz, diese immer zeigen zu wollen. Vielmehr macht die Freiarbeit das Leben unfassbar bequem und gehaltvoll zugleich. So geht es weniger um Effekthascherei, als darum, dass sie die Lebensqualität von uns und unseren Pferden steigert. Ein in der Freiheit geschultes Pferd kann ich beispielsweise aus der Box rufen, frei stehen lassen, putzen, satteln, und ohne es zu berühren mit in die Halle nehmen. Ich kann es frei verladen, ich kann es frei zur Weide bringen, auf der Weide wenden und noch einmal kraulen, um es dann in die Freizeit zu entlassen, genauso, wie ich es frei wieder von der Weide rufen und ohne Stricke in den Stall bringen kann.
Die Freiarbeit befreit, das Pferd, den Menschen und die gemeinsame Beziehung. Die Freiarbeit schult mein Raum-Management, mein räumliches Denken, ebenso wie sie mir immer wieder den Blickwinkel des Pferdes offenbart. Und mehr noch: Die Freiarbeit ist der Nährboden für Verstehen, Verständnis und Vertrauen. Gegenseitig.

# ZUSAMMEN SEIN – DER CLAN

In der Küche schneide ich einige Äpfel in Scheiben. Dann gehe ich mit den Hunden und meinem Herrn Berti noch einmal raus. Es war ein harter Tag, ich bin müde. Mir brummt der Kopf. Berti ist heute zu kurz gekommen. Das gibt es auch mal bei uns – selten, aber es kann passieren. Zum Reiten fehlt mir heute echt die Kraft, aber ganz ohne Kontakt geht es auch nicht. Etwas laufen, Radfahren und spielen sind noch drin. Wir stecken unsere Köpfe zusammen und dann marschieren wir los. Acht Herzen, eine Spur. Wir laufen uns warm, links neben mir die Hunde: Whiskey, Coffee, Sugar, Apple und Juice, begleitet von James Bond. Rechts neben mir mein Berti. Und wenn Sie mich nun fragen, wer denn mein Lieblingstier sei, dann kann ich nur sagen: keine Ahnung. Spielt auch keine Rolle, Hauptsache, ich bin ihr Lieblingsmensch.

Es sind Clanbildungsmaßnahmen, die ich hier betreibe. Wir laufen zusammen, wir halten an, um etwas zu kuscheln, den Apfelsnack zu genießen, zu spielen und einfach wieder zu laufen. Ungezwungen und froh. Ein solches kleines, unaufwändiges Training erdet mich, tankt mich auf und reguliert mich gleichermaßen. Ein Bindungsspiel, ein Treffen mit Freunden. Manchmal dauert es nur eine kleine Viertelstunde, aber wenn ich dann heim gehe, fühle ich mich wie frisch geduscht.

*Mit spielerischer Konsequenz dem Pferd zur Freude sein ist die Basis für eine echte Beziehung.*

## RITUALE DES GLÜCKS

Entwickeln auch Sie diese „Little Escapes" zusammen mit Ihrem Pferd. Lassen Sie Ihren Ehrgeiz zu Hause, denken Sie nicht an das nächste Turnier, an Lektionen, an Hindernisse oder Aufgaben. Denken Sie nur und ausschließlich an sich, an Ihr Pferd und landen Sie im Moment. Tauchen Sie ein in diese kleinen Rituale des Glücks, nehmen Sie sich Zeit für Bindungsarbeit, für das große Jetzt, für die Zeit, in der Sie das gemeinsame Glück teilen können. Egal, wie geschickt, elegant oder perfekt Sie es machen, Hauptsache, Sie und Ihr Pferd erleben positive, zuversichtliche Energie. Schaffen Sie sich und Ihrem Pferd bewusst, gezielt und absolut geplant Komfortzonen, Quality time, die Ihnen niemand mehr nimmt. Lassen Sie es zu, dass Ihr Pferd Sie erdet, dass es Sie liest und spiegelt, dass es Sie in Ihrem Ehrgeiz reguliert. Lassen Sie sich ein auf Ihr Pferd als eigenständige Kreatur, als Individuum mit eigenen Gesetzen, eigenen Visionen und einer ganz besonders ausgeklügelten Sprache. Schulen Sie Ihre positiven Gedanken, sortieren Sie, was Ihnen Freude bereitet und lassen Sie sich Zeit dafür.
Glauben Sie an sich, an Ihr Pferd, an das, was da vor Ihnen liegt und trauen Sie sich, sich Zeit dafür zu lassen. Es ist nie zu spät. All diese Clanbildungsmaßnahmen sind wie das Einzahlen auf die Glückssparkasse, bei der die investierte Zeit mit Zinsen und Zinseszinsen wieder zurückkommt.
Lernen Sie auf sich selbst zu achten, auf sich selbst zu hören. Seien Sie geduldig mit sich selbst. Sie dürfen Fehler machen, ebenso, wie Ihr Pferd Fehler machen darf. Lernen Sie aus Ihren Fehlern, so, wie Ihr Pferd aus seinen Fehlern lernen kann. Nur und ausschließlich dadurch ist Entwicklung möglich. Beachten Sie Ihre eigene Leistungskurve, Ihre eigene Energie. Und vergessen Sie nicht, dass Sie mit positiver Energie ein positives Feedback gespiegelt bekommen.

*Kunst beginnt, wenn es einfach wird.*

## LESEN, LAUFEN, ZUHÖREN

Viele Teams, die wir hier coachen durften, kamen mit großen Problemen, riesigen Baustellen, manifesten Missverständnissen zu uns. Die Ausbildung des Menschen braucht Zeit. Sie kommen ja häufig nicht in die Glücksschmiede, nur um das Handwerk zu erlernen. Sie kommen oft, weil schon etwas richtig schiefgelaufen ist. Und nun sollen sie zeitgleich das Handwerk erlernen und mit den neuerworbenen Kenntnissen bereits in der Lage sein, Fehler zu reparieren. Das ist nicht selten eine Überforderung. Stellen Sie sich vor, Sie würden Kopfhörer im Ohr haben, Musik hören, währenddessen ein Buch laut vorlesen und zeitgleich über eine stark befahrene Straße laufen. Das wäre nicht nur schwierig, sondern gewiss hier und da defiziös. Sie wären schlicht überfordert. In der Arbeit mit den Tieren ist es ähnlich. Sie sollen das Ausdrucksverhalten Ihres Tieres erlesen, dabei den Raum überblicken und ein hohes Maß an Sprachhygiene anbringen, während Sie auch noch den Anweisungen des Coaches folgen sollen. Das ist absolutes Multitasking. Es braucht Zeit,

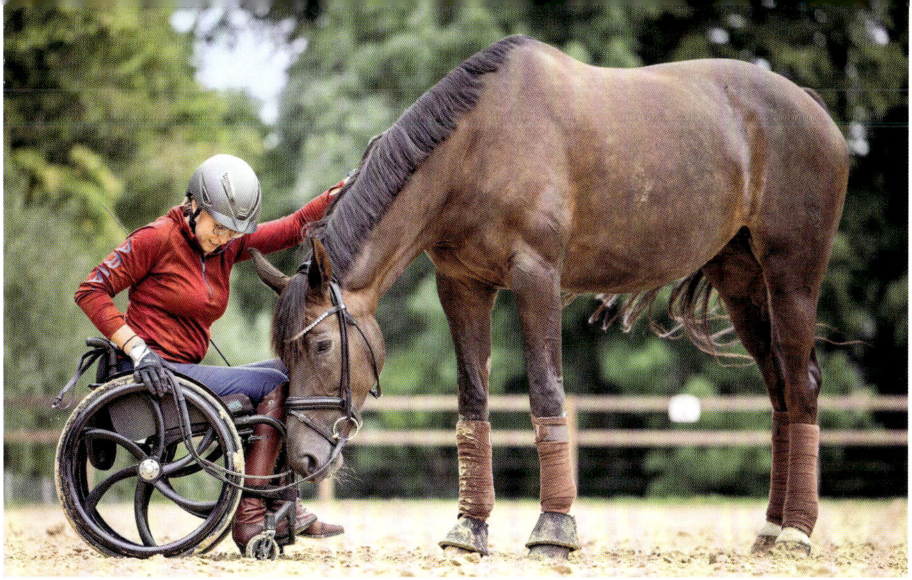

*Bedingungsloses Vertrauen beruht auf Gegenseitigkeit.*

*»Vertrauen ist der größte Beweis der Liebe.«*

keine Geschwindigkeit, es braucht Ruhe und keine Eisbergspitze, um all das umzusetzen. Es ist der Dialog mit dem Pferd, den wir brauchen, um unsere Ziele zu erreichen.

### DETAILVERLIEBT

Viele Pferd-Mensch-Teams lernten bei uns, kleine Schritte zu machen, auf Details zu achten und auch wieder rückwärtszudenken. In dem Moment, in dem wir Menschen unsere Wirklichkeit dem Pferd unterschieben wollen, beginnen wir, für das Pferd zu argumentieren. Wir übersehen dabei, dass wir dann gegen uns selbst argumentieren. Und in dem Moment, in dem wir Menschen die Kommunikationswege nicht richtig anwenden, versäumen wir, dass wir dem Pferd die falschen Informationen zukommen lassen. Nennen Sie es „detailverliebt“ oder einfach nur gründlich. Achten Sie auf die Kleinigkeiten, die der Dialog braucht, um Informationen eindeutig zu transportieren. Seien Sie das wohlige Innen, sorgen Sie für ein sicheres Außen, werden Sie das Zuhause Ihres Pferdes.

## RICHTUNG, RAUM UND REGULATIV

Sie haben bestimmte Begriffe in Ihrer Ausbildung zum Glücksschmied immer wieder angetroffen. Einer dieser Begriffe war „das Regulativ“. Es ist der Begriff, der Leben ermöglicht. Das Regulativ ist notwendig, um den Funktionskreis Drängen/Bedrängen zu modellieren. Dieser Funktionskreis ist der Motor des Lebens. Damit die heranwachsende Kreatur ausreichend Motor hat, um all den Gefahren, Bedrohungen und Schwierigkeiten zu trotzen, ist dieser Funktionskreis groß angelegt. Wir können es auch „Überlebenswille“ nennen. Erfährt dieser Motor kein Regulativ, dann ufert er aus. Enthemmtes Verhalten, Übergriffigkeit, Distanzlosigkeiten sind die Folgen.
Der andere wichtige Begriff ist Bindung. Sie ist der Nährboden für Beziehung, für Komfortzonen, für die innere Losgelassenheit. Bindungsfähigkeit entspringt ebenfalls dem Funktionskreis Drängen/Bedrängen. Hier aber sollen Sie pflegen und düngen, damit diese Bindung groß und stark wird.

# HERZLICHEN GLÜCKWUNSCH!

Nun haben Sie die Grundfunktionen der Werkzeuge erlernt und verstanden, mit dem zu schmiedenden Material umzugehen. Sie sind in der Lage ein Bindungssystem aufzubauen oder zu reparieren und können auch unangenehme Fragen freundlich stellen. Sie haben gelernt, wertfrei zuzuhören und offen zu sein für die individuellen Antworten. Sie können das Ausdrucksverhalten, sei es räumlich, leiblich oder akustisch, einlesen und es in die entsprechenden Funktionskreise einteilen. Sie können loben, bis das Lob wirkt, und Sie können Ihrem Pferd ein Zuhause sein. Sie haben gelernt, dorthin zu gehen, wo Sie hinwollen, Ihre Richtung einzuhalten, Ihren Raum, Ihre Eisscholle zu behaupten. Sie haben einen räumlichen Überblick bekommen und können nun Ihre Spur vorgeben.

Diese Themen lassen sich in der Tat in jeden Bereich des Lebens übertragen, was Ihnen deutlich macht, dass es gar nicht schwierig ist, Glücksschmied zu werden – dafür aber wichtig ist, es zu sein. Tierschule ist und bleibt Lebensschule, denn sie bringt uns in ein inneres und äußeres Gleichgewicht, sie erklärt uns die Zusammenhänge des Lebens und stattet uns mit einem allumfänglichen Wissen über Kommunikationswege aus.

Die Glücksschmiede für Pferde ist nicht die Anleitung für das Reiten eines fliegenden Wechsels oder das Handbuch für das Kompliment. Sie bereitet Sie und Ihr Pferd darauf vor, im gegenseitigen Einverständnis einen gelungenen Dialog miteinander zu finden und damit in der Lage zu sein, Wechsel zu reiten oder das Kompliment zu üben.

In diesem Buch haben Sie an etlichen Wegen unterschiedlichster Paare teilhaben können. Wir haben immer beiden Seiten zugehört, beide Seiten entwickelt. Bindung ist keine Einbahnstraße. Sie werden als Glücksschmied erkennen, wie tief eine echte Beziehung zu Ihrem Pferd gehen kann, wie wertvoll echtes Verstehen auf der Beziehungsebene ist. Als Glücksschmied haben Sie den wunder-

*»Man braucht nur mit Liebe einer Sache nachzugehen, so gesellt sich das Glück hinzu.«*

*Johannes Trojan*

vollsten, kreativsten und abwechslungsreichsten Beruf der Welt ergriffen, Sie können positives Denken erzeugen und haben verstanden, dass Ihr Glas halbvoll ist. Sie wissen nun: Glaub an dich, es ist nie zu spät – und gib niemals auf.
Nehmen Sie Ihr Trainingstagebuch und pflegen Sie Ihre Aufzeichnungen, Ihre Protokolle, Ihre Fragen und Erfolge. Füllen Sie es über Wochen, Monate und Jahre. Begleiten Sie Ihre eigene Entwicklung und die derer, die Sie betreuen. Überprüfen Sie Ihre Visionen, Ihren Status quo, Ihre Teilerfolge. Beschreiben Sie die Leistungskurve, haben Sie die Ausbildungsskala im Blick und denken Sie daran, dass Sie auch einfach mal wieder zurück gehen können.
Und wenn Sie merken, dass Sie es richtig gut gemacht haben, dann klopfen Sie mit Ihrer rechten Hand auf Ihre linke Schulter, schauen zu Ihrem Pferd und nehmen auch seine Komplimente dankbar entgegen. Herzlichen Glückwunsch! Nun sind Sie Glücksschmied.

*Tiere sind das Zuhause der Menschen, die ein Herz aus Fell haben.*

# SERVICE
## — *Zum Schluss*

# ÜBER MICH – ANNE KRÜGER-DEGENER

Die Kommunikation als Austausch von Informationen ist in meiner Welt ein absolut zentrales Thema. Ähnlich wie ein Dolmetscher kommuniziere ich mit den unterschiedlichsten Gattungen. Da die Bandbreite vom Pferd bis zum Schaf reicht, vom Hund bis zur Ziege, habe ich die Chance bekommen, die Grundzüge der Kommunikation zu studieren – eben die Naturgesetze der Sprache. Diese sind in der Tat artübergreifend und basieren immer wieder auf denselben Mechanismen. „Sprache aufgeräumt und leicht gemacht" ergab am Ende das System der HarmoniLogie®. Und dieses System gebe ich leidenschaftlich gern an meine Schüler und ebenso an Sie, liebe Leserinnen und Leser, weiter.

So stellt Kommunikation in allen Bereichen, in denen ich wirke, ob als Tierwirtschaftsmeisterin, Dressurreiterin, als Coach für Mensch und Tier oder Buchautorin, immer den Ursprung meines Tuns dar. Als künstlerische Darbietung haben wir all das in eine weltweit gefragte Show eingebettet, mit welcher wir als Familie seit zwei Jahrzehnten auf Tour sind. Das kann nur funktionieren, wenn wir das Einverständnis unserer Tiere haben, wenn wir als Team wirken, und ebenso freundlich wie klar miteinander kommunizieren.

Auf einem wunderschönen Niedersachsen-Hof in Melle betreiben wir eine Akademie der HarmoniLogie®, eine Tierschule für Menschen, Pferde und Hunde. Ebenso beherbergt dieser zauberhafte, 150 Jahre alte Hof eine Schaf- und Ziegenherde, ein gutes Dutzend Pferde und unsere fleißigen Hunde. Die Ausbildung der Pferde stellen wir auch im Dressursport unter Beweis, wir lieben die Freiarbeit und die ausgiebigen Ritte durch unsere Wälder.

Die Verantwortung für das Wohlergehen unserer Tiere, die Möglichkeit, sie immerzu innerartlich zu belauschen, haben mich gelehrt, wie wichtig die Bindung zueinander ist, wie friedschaffend und deeskalierend Tiere kommunizieren und wie sehr diese Naturgesetze der Sprache artübergreifend Glück produzieren.

Dieses Glück ist reproduzierbar und Sie als Glücksschmied sind in der Lage, Glück zu erschaffen – Ihres und das Ihrer Tiere!

*»Dankbarkeit ist eine Gabe, die das Glück vollkommen macht.«*

## DANKE

Und so ist es auch Zeit für mich, „Danke“ zu sagen.
Ein Buch ist ein Gesamtkunstwerk, bei dem viele Menschen mitwirken, anfeuern oder sich begeistern. Ohne diese Menschen gäbe es wahrscheinlich viele Bücher nicht. So auch dieses Buch, das Sie in den Händen halten.

Das Vorwort von Jessica von Bredow-Werndl, einer Frau, die ihre Leidenschaft, ihre Liebe und den sportlichen Erfolg in der fairen Ausbildung von Dressurpferden in eine neue Dimension gebracht hat, die feinstes Reiten auf höchstem Niveau betreibt, macht mich stolz und dankbar! Als Doppelolympiasiegerin in der Dressur, Ausbilderin und Mutter kennt sie die Zusammenhänge von

spielerischer Konsequenz, Teamgeist und gemeinsamer Spur. Danke Jessica, Dein Geleit ist Wind in meinen Segeln!
Danken möchte ich Birgit Bohnet, meiner Lektorin, die mit Feingefühl für Text und Autor gleichermaßen mit ihrem Team diesem Buch eine wundervolle, liebevolle und künstlerische Note gegeben hat. Eine wunderbare Zusammenarbeit, ein große Ehre für mich mit diesem so professionellen und emphatischen Team vom Kosmos Verlag wirken zu dürfen. Danke Birgit, es ist eine bereichernde Freude mit Dir zu werken!
Es ist eine ganz besondere Bildsprache, die die Fotografin Anna Auerbach erzeugt. Sie ist eine wahre Künstlerin der Bilder und mit ihr zusammenzuarbeiten, produziert bereits während der Shootings Glück. Danke Anna, ohne Dich wäre dieses Buch nicht, was es ist!
Maureen, Suzanne, Charlotte, Luca, Gianna, Regina, Carla, Natalie, Sabine, Niclas, Jan, ihr seid diesen Weg mit mir gegangen, wir haben einander zugehört und Ziele erreicht. Ihr seid Glücksschmiede und wollt das in diesem Buch auch anderen Menschen zeigen. Es waren wunderbare Begegnungen, und ich freue mich aus tiefstem Herzen auf das, was da vor uns liegt. Danke für eure so tolle Unterstützung. Ihr habt dieses Buch mit euren Geschichten und eurer Mitarbeit lebendig gemacht.
Danken möchte ich meinen Freunden, meinem Team und ganz besonders meiner Familie, für die Geduld, die extra Portion Mut und Kraft, die Kommata, den Kaffee und den Wein, den es braucht, wenn es klemmt.
Danken möchte ich unseren Pferden. Mit liebevoller Geduld haben sie mir die Naturgesetze der Sprache immer wieder erklärt, meine Fragen beantwortet und mir den Weg gewiesen. Was für ein Glückspilz bin ich, mit diesem Team an Zwei- und Vierbeinern so werken zu können!

Dankeschön von ganzem Herzen.

**Eure Anne**

# ZUM WEITERLESEN

## WEITERE BÜCHER VON ANNE KRÜGER-DEGENER

**Wenn Pferde Komplimente machen.** HarmoniLogie® – Kommunikationstraining für Mensch und Pferd. KOSMOS 2019

**Wenn Hunde lachen.** HarmoniLogie® – Kommunikationstraining für Mensch und Hund. KOSMOS 2018

**Wenn Hunde uns vertrauen.** Missverständnisse vermeiden mit der HarmoniLogie®. KOSMOS 2021

**Welpentagebuch.** Der praktische Begleiter für die ersten Monate. KOSMOS 2022

## WAS SIE AUCH INTERESSIEREN KÖNNTE

Charles, Iris: **Fit aufs Pferd.** Kraft, Koordination, Körperspannung. KOMOS 2021

Jones, Janet: **Horse Brain, Human Brain.** Erkenntnisse aus der Neurowissenschaft – Wie Pferd und Mensch denken, fühlen, handeln. KOSMOS 2022

Katzenberger-Schmelcher, Dr. Ruth / Katzenberger, Yvonne: **Mehr Körpergefühl für mein Pferd.** Ergotherapie im Pferdetraining. KOSMOS 2020

Lubetzki, Marc: **Im Kreis der Herde.** Von wilden Pferden lernen. KOSMOS 2019

Lubetzki, Marc: **Im Gespräch mit wilden Pferden.** Natürlich kommunizieren – die Koniks machen es uns vor. KOSMOS 2022

Masterson, Jim, mit Reinhold, Stefanie: **Körperarbeit für Pferde.** Locker, entspannt, gelöst mit der Masterson-Methode. KOSMOS 2018

Nölke, Marc: **Neuroathletik für Reiter.** Das Neuro-Rider-Trainingsprogramm. KOSMOS 2022

Schulte Wien, Beatrix; Keller, Irina: **Osteopathie für Pferde.** Wissen, Spüren, Behandeln; KOSMOS 2019

Wilsie, Sharon/Vogel, Gretchen: **Sprachkurs Pferd,** Pferdesprache lernen in 12 Schritten; KOSMOS 2018

# NÜTZLICHE ADRESSEN

**Tierschule und Schäferei**
**Anne Krüger-Degener**
Buersche Strasse 132
D-49324 Melle
Tel. +49-(0)5422-45141
www.anne-krueger-degener.com

**Deutsche Reiterliche Vereinigung e. V. (FN)**
Tel. +49-(0)2581-63620
www.pferd-aktuell.de

**Vereinigung der Freizeitreiter und -fahrer in Deutschland e.V. (VFD)**
Tel. +49-(0)4243-942404
www.vfdnet.de

**Österreichischer Pferdesportverband (OEPS)**
Tel. +43-2236-710600
www.oeps.at

**Schweizerischer Verband für Pferdesport (SVPS)**
Tel. +41-(0)31-3354343
www.fnch.ch

# REGISTER

## BILDNACHWEIS

211 Farbfotos wurden von Anna Auerbach/Kosmos für dieses Buch aufgenommen.
Weitere Bilder sind von Horst Streitferdt/Kosmos (S. 97, 98, 99, 103 l., 103 r., 104), Anne Krüger-Degener (Seite 18, 152), Nadine Harms (S. 5) und Thomas Ix (S. 20).
Mit einer Illustration von Shutterstock/Bokica.
Alle Filme für die KOSMOS PLUS APP wurden von Jan Degener für dieses Buch gedreht.

## IMPRESSUM

Umschlaggestaltung von GRAMISCI Editorialdesign, München, unter Verwendung von 2 Farbfotos von Anna Auerbach/KOSMOS.

Mit 221 Farbfotos.

Alle Angaben und Methoden in diesem Buch sind sorgfältig erwogen und geprüft. Sorgfalt bei der Umsetzung ist jedoch geboten. Verlag und Autorin übernehmen keinerlei Haftung für Personen-, Sach- oder Vermögensschäden, die im Zusammenhang mit der Anwendung und Umsetzung entstehen könnten.

Unser gesamtes Programm finden Sie unter **kosmos.de**.
Über Neuigkeiten informieren Sie regelmäßig unsere Newsletter, einfach anmelden unter **kosmos.de/newsletter**.

Gedruckt auf chlorfrei gebleichtem Papier

© 2022, Franckh-Kosmos Verlags-GmbH & Co. KG,
Pfizerstraße 5–7, 70184 Stuttgart
kosmos.de/servicecenter
Alle Rechte vorbehalten
Wir behalten uns auch die Nutzung von uns veröffentlichter Werke für Text und Data Mining im Sinne von §44b UrhG ausdrücklich vor.
ISBN 978-3-440-17188-2
Redaktion: Birgit Bohnet
Gestaltungskonzept: Peter Schmidt Group GmbH, Hamburg
Gestaltung und Satz: Atelier Krohmer, Dettingen/Erms
Produktion: Claudia Frank
Druck und Bindung: Westermann Druck, Zwickau
Printed in Germany/Imprimé en Allemagne

FSC
www.fsc.org
MIX
Papier | Fördert gute Waldnutzung
FSC® C110508

# HarmoniLogie®

## — Kommunikationstraining mit Anne Krüger-Degener

216 Seiten

248 Seiten

192 Seiten

192 Seiten

**kosmos.de**